技工院校服务机器人应用与维护专业教材（中/高级技能层级）

Python 程序设计基础

主编 李丽

中国劳动社会保障出版社

简介

本书是技工院校服务机器人应用与维护专业教材（中 / 高级技能层级），主要内容包括 Python 基础知识及环境搭建、基本数据类型、表达式与运算符、组合数据类型、Python 流程控制、函数和 lambda 表达式、Python 面向对象、Python 模块和包、Python 文件操作、综合性任务实践 10 个项目。

本书由李丽任主编，叶智豪、刘云斌任副主编，郭铠能、钱文坤、林佳鹏、刘海波、吴钰琳、鲁文江参加编写，闫毅平审稿。

图书在版编目（CIP）数据

Python 程序设计基础 / 李丽主编 . -- 北京 : 中国劳动社会保障出版社，2024
技工院校服务机器人应用与维护专业教材 . 中 / 高级技能层级
ISBN 978-7-5167-6289-9

Ⅰ. ①P… Ⅱ. ①李… Ⅲ. ①软件工具 - 程序设计 - 技工学校 - 教材 Ⅳ. ①TP311.561

中国国家版本馆 CIP 数据核字（2024）第 064913 号

中国劳动社会保障出版社出版发行
（北京市惠新东街 1 号　邮政编码：100029）
*
保定市中画美凯印刷有限公司印刷装订　　新华书店经销
787 毫米 ×1092 毫米　16 开本　14.25 印张　295 千字
2024 年 6 月第 1 版　　2025 年 6 月第 3 次印刷
定价：31.00 元

营销中心电话：400-606-6496
出版社网址：http://www.class.com.cn
http://jg.class.com.cn

前言

Preface

近年来，在《“十四五”机器人产业发展规划》等国家发展战略以及地方系列扶持政策的支持下，我国机器人产业发展规模持续增长。以在家用、医疗、商业和教育等众多领域为人类提供服务为主要功能的服务机器人发展迅速，急需大量从事服务机器人销售、安装、调试及维护等工作的专业人才，且需求量随产业发展逐年提高。全国各技工院校根据产业发展需要，相继开设了服务机器人应用与维护专业，以培养符合市场需求的技能型人才。为了满足全国技工院校教学要求，全面提升教学质量，我们组织全国有关学校的教师和行业、企业专家，在充分调研企业用人需求和学校教学情况、吸收借鉴各地技工院校教学改革的成功经验的基础上，根据人力资源社会保障部颁布的《全国技工院校专业目录》及相关教学文件，开展了技工院校服务机器人应用与维护专业教材的研究开发工作。

本次教材开发工作的重点主要体现在以下几个方面。

合理构建教材体系

按照工学一体化技能人才培养模式，参照《服务机器人应用与维护专业工学一体化课程设置方案》设置的公共基础课程、专业基础课程、工学一体化课程和选修课程构建教材体系。本次我们重点开发了《服务机器人基础》《Python 程序设计基础》《ROS 机器人操作系统基础》三种服务机器人应用与维护专业独有的专业基础课程教材。

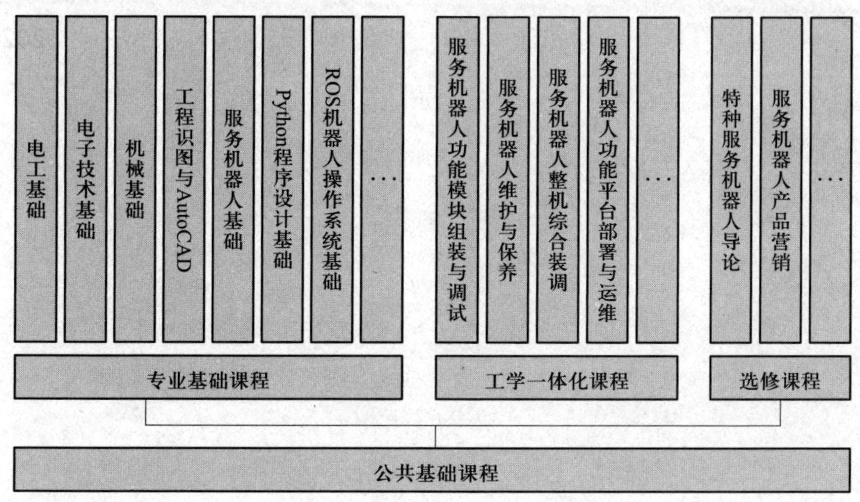

突出职业教育特色

坚持以能力为本位，突出职业教育特色。根据技工院校学生认知规律，将理论知识的讲解与工作任务载体有机结合，充分激发学生的学习兴趣，提高学生的实践能力。同时，在教材中突出对学生创新意识和创新能力的培养。

科学确定教材内容

以《服务机器人应用技术员国家职业技能标准》等为依据，根据服务机器人应用与维护专业毕业生就业岗位的实际需要和教学实际情况，合理确定学生应具备的能力和知识结构，设计教材的深度、难度和广度；根据最新的国家标准、行业标准编写教材，保证教材内容的科学性和规范性。

丰富教材表现形式

为了使教材内容更加直观、形象，根据学生的认知规律，教材充分利用图片等形式展示知识内容和操作步骤，使学生更直观地理解和掌握所学内容；部分教材采用彩色印刷，图文并茂，增强了教材内容的表现效果，提高了教材的可读性。

提供丰富教学资源

为方便教师教学和学生学习，配套开发习题册、电子课件和习题册参考答案等教学资源。除此之外，还针对教材中的重点、难点内容，开发制作了演示微视频，可使用移动设备扫描书中二维码在线观看。电子课件和习题册参考答案可通过技工教育网（http://jg.class.com.cn）下载使用。

致谢

在教材的开发过程中，得到了广州慧谷动力科技有限公司的大力支持，保证了教材的编写质量和配套资源的顺利开发，在此表示感谢。此外，本次教材的编写工作还得到了广州市机电技师学院、河南医药健康技师学院、阜阳技师学院等学校的大力支持，在此我们表示诚挚的谢意。

编者

2024 年 4 月

目录
Contents

项目一 Python 基础知识及环境搭建

本项目主要介绍编程语言的概念、分类以及各自的特点。在初步了解 Python 的基础上，尝试搭建编程环境，编写并运行第一个 Python 程序，将所学知识贯彻于实践。

项目任务

✧ 任务 1　认识 Python
✧ 任务 2　安装与配置 Python 开发环境
✧ 任务 3　安装与使用代码编辑器（VS Code）
✧ 任务 4　运行第一个 Python 程序

建议学时

6 学时

认识 Python

任务目标

1. 了解编程语言的概念、分类和特点。
2. 了解两类高级语言（编译型语言和解释型语言）的概念和区别。
3. 熟悉 Python 的概念、特点、应用领域和常用版本。

相关知识

一、编程语言

编程语言是一种人与机器交流和沟通的工具，类似于日常使用的中文、英文等，但是沟通的主体与对象从人与人变成了人与机器。

编程语言是用来定义计算机程序的形式语言。当我们需要让计算机做些什么时，会向其发送一系列指令，这一系列指令就是程序，而编程语言则是这些程序标准化、规范化的结果。

编程语言也称“计算机语言”，随着技术的发展而不断演变。根据编程语言的发展阶段，可以将其分成机器语言、汇编语言、高级语言三大类。

1. 机器语言

机器语言是使用二进制代码表示的，计算机能直接识别和执行的一种机器指令的集合，常用于计算机发展的早期阶段。机器语言是指机器能直接识别的程序语言或指令代码，无须经过翻译，每一个操作码在计算机内部都由相应的电路来完成；或指不经过翻译即可被机器直接理解和接受的程序语言或指令代码。机器语言使用绝对地址和绝对操作码。不同的计算机有各自的机器语言，即指令系统。

计算机的设计者通过计算机的硬件结构，使用机器语言赋予计算机操作功能。机器语言具有灵活、直接执行和速度快等特点。不同型号的计算机，其使用的机器语言是不相同的。按照一种计算机的机器指令编制的程序，不能在另一种计算机上执行。

从使用的角度看，机器语言易于计算机理解，但很难编程、调试和修改，因此现在罕有人使用。

2. 汇编语言

汇编语言也称符号语言，是编程语言发展的第二个阶段，常用于底层程序的设计。为了帮助人们理解与使用汇编语言，常用助记符代替机器指令的操作码，用地址符或标号代替指令或操作数的地址。与机器语言相比，汇编语言的可读性虽然有所提高，但其可移植性仍然很差，对编程人员的要求较高。在不同的设备中，汇编语言对应着不同的机器语言指令集，通过汇编过程转换成机器指令。特定的汇编语言和特定的机器语言指令集是一一对应的，不同平台之间不可直接移植。

也正是由于这种机器相关性，汇编语言执行速度快、效率高。汇编语言是计算机提供给用户的最快、最有效的语言，虽然与高级语言相比，其可读性还是较差，但是采用汇编语言编写的程序保持了机器语言直接的特点，用它可以有效地访问和控制计算机的各种硬件设备，这是高级语言无法取代的。不过，由于编写和调试汇编语言程序要比高级语言程序复杂，因此，通常将其与高级语言配合使用。

3. 高级语言

高级语言是相对于汇编语言（低级语言）而言的，并不特指某一种具体语言，而是包括很多编程语言在内，如 C、Java、Python 等。为了提高程序开发效率，便于开发人员理解，高级语言是参照数学语言设计的较接近于自然语言的编程语言。高级语言基本脱离了机器的硬件系统，相对低级语言有较高的可读性，更易理解。由于早期计算机行业的发展主要在美国，因此，一般的高级语言都是以英语为基础开发的。

高级语言作为程序设计发展的第三个阶段，是编程语言不断抽象的产物，是一种通用的编程语言，它的语言结构和计算机本身的硬件以及指令系统无关，它的可阅读性更强，能够方便地表达程序的功能，更好地描述使用的算法。同时，它很容易学习，容易被初学者所掌握。

高级语言作为用户层面的编程工具，用户并不需要了解硬件的结构，只需要用逻辑语言实现想要的目标。但是，由于高级语言的架构高于汇编语言，不能用它编写直接访问硬件资源的系统程序，因此，高级语言必须调用汇编语言编写的程序来访问硬件地址。本教材要讲解的 Python 是计算机高级语言的一种。

编程语言的发展非常迅速且多样化，从最初的机器语言，发展到如今的 2 500 种以上的高级语言，每种语言又有着不一样的作用领域和发展轨迹。编程语言正伴随着计算机、互联网的发展飞速发展。

二、编译型语言和解释型语言

高级语言的程序源码较接近自然语言和数学公式，无法直接执行，而计算机的中央处理器（central processing unit，CPU）却只能识别二进制指令，所以程序在被 CPU 运行之前必须经过一个将源码转换成二进制指令的过程。

根据将源码转换成二进制指令的时间不同，将高级语言分为编译型语言和解释型语言两类。

1. 编译型语言

使用编译型语言（如 C、C++ 等）开发完成程序后，需要将所有的源码一次性转换成二进制指令，并生成一个可执行文件（如 Windows 系统中的“.exe”文件等），所使用的转换工具被称为编译器，可执行程序里面的代码就是二进制指令形式的机器码。

编译型语言具有以下特点。

- 可脱离开发环境运行。由于可执行程序里面包含的是已经转换完成的二进制指令形式的机器码，因此在运行程序时，只需要编译可执行程序，不再需要源码和编译器，所以编译型语言可以脱离开发环境运行。

- 可执行程序不能跨平台。不同操作系统对于可执行文件的内部结构有着截然不同的要求，彼此之间不能兼容。如 Windows 系统中的可执行程序不能在 Linux 系统中使用，Linux 系统中的可执行程序不能在 macOS 系统中使用。另外，可执行程序对于相同操作系统的不同版本也不一定兼容。

- 源码不能跨平台。不同平台支持的函数、类型、变量等可能会不同，基于某个平台编写的源码一般不能在另一个平台下编译。

2. 解释型语言

解释型语言每次执行程序都需要一边转换一边执行，用到哪些源码就将哪些源码转换成机器码，而不会像编译型语言一样生成一个可执行文件，用不到的就不进行任何处理。每次执行程序时，用到的功能可能不同，这时需要转换的源码也不一样。解释型语言（如 Python、JavaScript、PHP 等）所使用的转换工具被称为解释器。

解释型语言具有以下特点。

- 无法脱离开发环境。由于解释型语言是一边执行一边转换的，所以需要源码和解释器。

- 支持跨平台。由于存在针对不同平台开发的不同解释器，因此，解释型语言的源码可以在不同的平台下执行，执行时使用相应的解释器进行源码转换。

- 执行效率低。解释型语言的执行效率低是相对于编译型语言来说的。因为每次执行程序都需要重新转换源码，所以解释型语言的执行效率偏低，甚至与编译型语言的执行效率存在数量级的差距。

三、Python 基础知识

1. Python 的概念

1989 年，荷兰人 Guido van Rossum（以下简称 Guido）发明了一种面向对象的解释型编程语言，并将其命名为 Python。Python 一词的英文原意是“蟒蛇”，这也是 Python 的蟒蛇图标的由来。

Python 随着计算机技术的快速发展与计算机性能的不断提升而不断更新演变，其维护团队和社区为其设计了各种丰富和强大的库。利用这些库，Python 可以很轻松地和基于其他语言的各种模块（尤其是 C 和 C++）结合在一起，这也是 Python 被称为“胶水”语言的原因。

2. Python 的特点

Python 作为目前被广泛应用的编程语言，具有以下优点。

- 语法、结构简单。Python 具有相对较少的关键字和明确定义的语法，相对于传统编程语言（如 C、C++），Python 没有那么严格的格式要求，从而降低了学习的门槛。
- 开源。Python 的开源分为两部分，一是程序员编写的 Python 代码是开源的，可以直接查看其源码并对其进行相应的修改；二是 Python 的解释器和模块是开源的，这样可以让所有用户参与到改进 Python 性能、弥补 Python 漏洞的过程中。
- 社区活跃性高。Python 拥有众多可以实现不同功能的模块，还有着一个发展良好、活跃的用户社区，可以轻松实现所有常用的功能。
- 可拓展性强。Python 具有丰富而强大的类库，这些类库的底层代码不一定都是用 Python 编写的，还有很多 C/C++ 的“身影”，所以在 Python 程序中可以很轻松地调用 C/C++ 程序。

同时，Python 具有以下缺点。

- 运行速度慢。Python 是解释型语言，需要一边运行一边转换，并且由于 Python 是高级语言，屏蔽了许多底层细节，所以在运行时还要多做很多工作，其中的某些工作非常消耗资源，如管理内存等，多种原因导致 Python 的运行速度相对较慢。
- 代码加密困难。因为 Python 本身是一种解释型语言，它的源码在运行时会被解释器转换成机器代码，这就意味着，任何有足够技术知识的人都可以查看和修改 Python 源码。

3. Python 的应用领域

作为一种入门简单、功能强大且通用的编程语言，Python 一经发布就在国际上广受好评，市场占有率逐年提高。目前，Python 的应用领域主要有人工智能、科学计算、Web 开发、系统运维、大数据、金融等。

4. Python 2 和 Python 3 的区别

目前，在 Python 官网中同时发行了 Python 2 和 Python 3 两个版本。与 Python 2 相比，Python 3 在语句输出、编码、运算和异常处理等方面做出了一系列调整。需要注意的是，Python 3 在设计时并没有考虑向下兼容，即许多针对早期的 Python 版本设计的程序都没办法在 Python 3 上正常执行，并且早期版本和 Python 3 的拓展库之间存在差别，这导致旧系统向新版本迁移时较困难。

但相对于 Python 2，Python 3 做出的各种改动使其更加合理、高效和人性化。自 Python 3 诞生起，它就朝着全面普及和应用的方向不断发展，越来越多的拓展库也迅速推出了与 Python 3 相适应的版本，有鉴于此，本教材中的所有代码均采用 Python 3 编写。

结果汇报

将三种类型的编程语言（机器语言、汇编语言、高级语言）以及 Python 的概念与特点进行简要概括并做好记录。

思考练习

1. 除 Python 外，还有哪些编程语言属于解释型语言？这些语言有什么优缺点？
2. 简述 Python 的主要特点。
3. 简述 Python 的应用范围。

安装与配置 Python 开发环境

任务目标

1. 了解集成开发环境的概念和作用。
2. 能在 Windows 系统中安装 Python 开发环境。
3. 能在 Linux 系统中安装 Python 开发环境。

相关知识

集成开发环境（intergrated development environment，IDE）是用于提供程序开发环境（即开发人员用来编写、测试和调试代码的工作环境）的应用程序，一般集成了代码编辑器、调试器、编译器和其他开发工具的软件应用程序，旨在为程序员提供便捷的程序开发环境。所有具备这一特性的软件或者软件套（组）都可以称为集成开发环境，如微软的 Visual Studio 系列，Borland 的 C++Builder、Delphi 系列等。程序可以独立运行，也可以和其他程序并用。

IDE 和代码编辑器是两种不同的开发工具，IDE 是一个综合性的开发环境，集成了多种工具，如代码编辑器、调试器、编译器等，旨在为开发人员提供一站式的开发体验；而代码编辑器专注于文本编辑，提供了基本的代码编辑功能，但通常不包含其他开发工具。

从开始在主机或终端机开发程序起，IDE 逐渐成为必要的工具。早期的编程语言在被送进编译器进行处理之前，必须先经过流程图处理，再撰写表格、打卡，所以当时并不需要 IDE。BASIC（Beginner’s All-purpose Symbolic Instruction Code，初学者通用符号指令代码）是第一种有 IDE 的编程语言，也是第一种可以直接在主机或终端机中开发程序的编程语言，该 IDE 以命令行的方式呈现，与现代 IDE 的菜单和图形界面不同。然而，它却完整地整合了编辑、文件管理、编译、调试、执行等功能，具有现代 IDE 的特性。

IDE 将各种命令行开发工具集成在一起，提供了一个抽象化的工具，从而缩短了开发人员学习编程语言的时间。例如，开发人员在编写程序时即可进行编译，在发现语法错误时可即时获得反馈。尽管现代 IDE 多数为图形界面，但在窗口系统（如

Microsoft Windows 或 X Windows）出现之前，IDE 就已经开始使用。当时的 IDE 采用纯文本模式，通过功能键和快捷键进行各种工作操作，Turbo Pascal 就是一个典型的例子。

IDE 并不是把各种功能简单地拼装在一起，而是把它们有机地结合起来，统一在一个图形化操作界面下，为程序设计人员提供尽可能高效、便利的服务。例如，在程序设计过程中为了排除语法错误，需要反复进行编译→查错→修改→编译的循环，IDE 使各步骤之间能够方便、快捷地切换。输入源程序后，能用简单的菜单命令或快捷键启动编译，出现错误后，又能立即转到对源程序的修改，甚至直接将光标定位到出错的位置。再如，IDE 的编辑器除具备一般文本编辑器的基本功能，还能根据当前使用编程语言的语法规则，自动识别程序文本中的不同成分，并且用不同的颜色显示不同的成分，对用户起到很好的提示作用。

作为伴随编程语言发展而出现的工具，IDE 具有以下优点。

- 节省时间和精力。IDE 的出现让开发更加快捷、方便，通过提供各种工具和性能，帮助开发者组织资源，减少失误。

- 形成统一的工作标准。当多名程序设计人员共用同一开发环境时，形成了统一的工作标准。当 IDE 提供预设模板或不同团队共享代码库时，这一现象更加明显。

- 便于管理开发工作。首先，IDE 提供文档工具，可自动插入开发者的注释，或强制在不同区域编写评论。其次，IDE 能够展示资源，方便定位应用所在位置，无须费力在文件系统中搜索。

IDE 也存在一些缺点，具体如下。

- 复杂度高。一些 IDE 的界面可能相对复杂，可能使开发者感到混乱，特别是在首次使用时。

- 资源占用较大。由于 IDE 通常包含许多功能和工具，它们可能占用较多的系统资源，导致计算机性能下降，尤其是在使用较久的计算机上。

- 不灵活。有些 IDE 可能对特定的开发任务非常好用，但在其他领域可能不太适用，这可能导致开发者在更广泛的项目中受到限制。

IDLE 是 Python 官方自带的集成开发环境，当在计算机上安装 Python 时，IDLE 会自动随之安装，无须额外的独立安装过程。IDLE 作为一个集成开发环境，提供了许多重要的功能，包括段落缩进、文本编辑、程序调试和语法高亮等。这些功能的集成使开发人员在编写 Python 代码时能够获得极大的便利，提升了编程体验。

任务实施

本任务要求在使用 Windows 和 Linux 系统的计算机中安装 IDLE，并为 IDLE 安装需要的第三方库。

一、在 Windows 系统中安装 IDLE

可以通过在 Python 官网下载安装包进行安装。

步骤 1　下载 Python 安装包

Python 安装包下载网址为 https://www.python.org/downloads/。

进入网站后，可以看到两个系列的 Python：Python 2 和 Python 3。出于功能丰富程度以及版本稳定性的考虑，本教材中选择下载安装的 Python 版本是 Python 3.9.0，如图 1–2–1 所示。

Looking for a specific release?

Python releases by version number:

Release version	Release date		Click for more
Python 3.6.13	Feb. 15, 2021	Download	Release Notes
Python 3.7.10	Feb. 15, 2021	Download	Release Notes
Python 3.8.7	Dec. 21, 2020	Download	Release Notes
Python 3.9.1	Dec. 7, 2020	Download	Release Notes
Python 3.9.0	Oct. 5, 2020	Download	Release Notes
Python 3.8.6	Sept. 24, 2020	Download	Release Notes
Python 3.5.10	Sept. 5, 2020	Download	Release Notes
Python 3.7.9	Aug. 17, 2020	Download	Release Notes

图 1–2–1　选择下载安装 Python 3.9.0 版本

单击“Download”按钮，进入如图 1–2–2 所示的下载界面。

Version	Operating System	Description	MD5 Sum	File Size	GPG
Gzipped source tarball	Source release		e19e75ec81dd04de27797bf3f9d918fd	26724009	SIG
XZ compressed source tarball	Source release		6ebfe157f6e88d9eabfbaf3fa92129f6	18866140	SIG
macOS 64-bit installer	macOS	for OS X 10.9 and later	16ca86fa3467e75bade26b8a9703c27f	31132316	SIG
Windows help file	Windows		9ea6fc676f0fa3b95af3c5b3400120d6	8757017	SIG
Windows x86-64 embeddable zip file	Windows	for AMD64/EM64T/x64	60d0d94337ef657c2cca1d3d9a6dd94b	8387074	SIG
Windows x86-64 executable installer	Windows	for AMD64/EM64T/x64	b61a33dc28f13b561452f3089c87eb63	28158664	SIG
Windows x86-64 web-based installer	Windows	for AMD64/EM64T/x64	733df85afb160482c5636ca09b89c4c8	1364352	SIG
Windows x86 embeddable zip file	Windows		d81fc534080e10bb4172ad7ae3da5247	7553872	SIG
Windows x86 executable installer	Windows		4a2812db8ab9f2e522c96c7728cfcccb	27066912	SIG
Windows x86 web-based installer	Windows		cdbfa799e6760c13d06d0c2374110aa3	1327384	SIG

图 1–2–2　下载界面

可以看到，Python 官方提供了针对不同平台和不同安装方式的下载链接。

- 名称中含有 Windows x86-64 的是 64 位的 Python 安装程序。
- 名称中含有 Windows x86 的是 32 位的 Python 安装程序。
- 名称中含有 embeddable zip file 的是“.zip”格式的安装程序压缩包，安装前需要进行解压缩。
- 名称中含有 executable installer 的是“.exe”格式的可执行安装程序，是一个完整的离线安装包，下载完成后双击即可安装。

- 名称中含有 web-based installer 的是一个下载器，下载后还需联网下载 Python 安装文件。

这里演示的是 Windows x86-64 executable installer 的安装方法，也就是 64 位的完整离线安装包的安装方法。用户也可以根据实际情况，选择其他类型的安装程序进行安装。

步骤 2　安装 Python

（1）下载完成后，双击下载好的“python-3.9.0-amd64.exe”，进入安装方式选择界面（见图 1–2–3）。

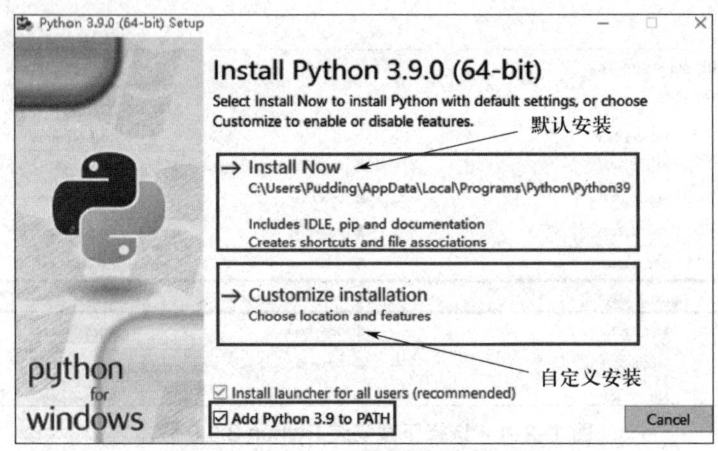

图 1–2–3　安装方式选择界面

Python 支持默认安装和自定义安装两种安装方式。

- 默认安装。默认安装会自动勾选所有的组件，并且安装在 C 盘。
- 自定义安装。用户可以手动选择要安装的组件，并可以选择安装到其他的磁盘。

另外，此处建议勾选“Add Python 3.9 to PATH”复选框，通过勾选此复选框，不仅可以使 Python 命令工具的所在目录被添加到系统 PATH 环境变量中，从而更加方便地在命令行中直接运行 Python 解释器，还能够简化之后的程序开发过程。这意味着用户可以通过在命令行中输入“python”命令，立即启动 Python 解释器并开始编写代码。

这种直接在命令行中运行 Python 解释器的方式与采用代码编辑器或 IDE 的方式相比，有着不同的优势。当用户只需要进行一些简单的 Python 代码测试或运行小规模脚本时，使用命令行非常方便，无须启动复杂的开发环境。而对于更大型的项目或需要调试、测试和进行项目管理的复杂任务，采用代码编辑器或 IDE 则更为合适。

这里演示的是自定义安装方式，因此选择将 Python 安装在其他磁盘，避免占用过多的 C 盘空间。

（2）单击“Customize installation”选项，进入安装组件选择界面（见图 1–2–4）。如果没有特殊要求，这里建议勾选所有组件，然后单击“Next”按钮，进入高级选项选择界面（见图 1–2–5）。

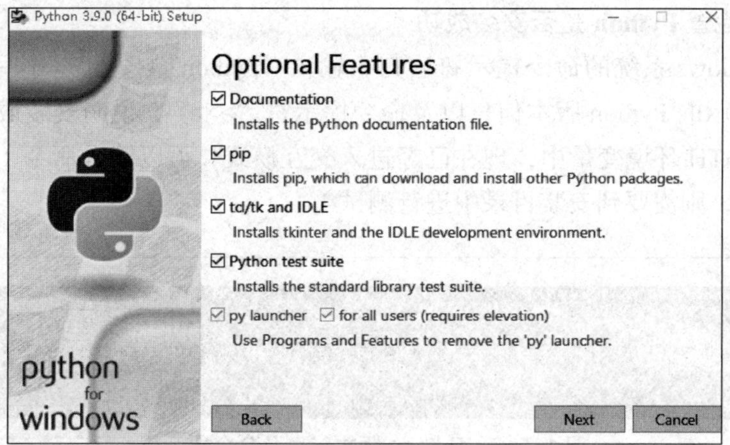

图 1-2-4　安装组件选择界面

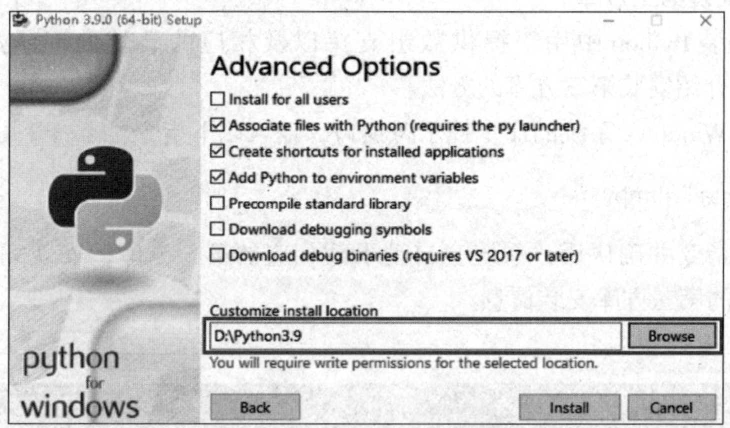

图 1-2-5　高级选项选择界面

（3）单击“Browse”按钮，选择要安装的路径，单击“Install”按钮进行安装。图 1-2-6 所示为安装完成界面。

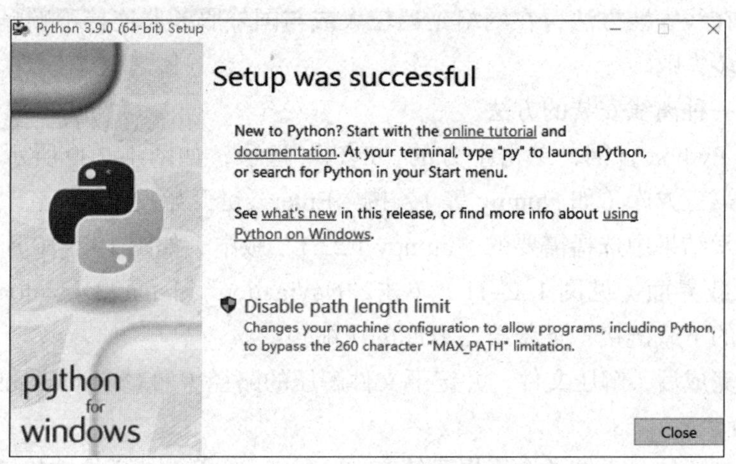

图 1-2-6　安装完成界面

步骤 3　检查 Python 是否安装成功

打开 Windows 系统的命令提示符窗口，输入“python”（全部是小写），如果出现如图 1–2–7 所示的 Python 版本信息以及命令提示符“>>>”，说明安装成功，并且目录成功添加至 PATH 环境变量中，现在已经进入交互模式，可以输入命令（若之前没有勾选相关复选框，则需要到安装目录中进行测试）。

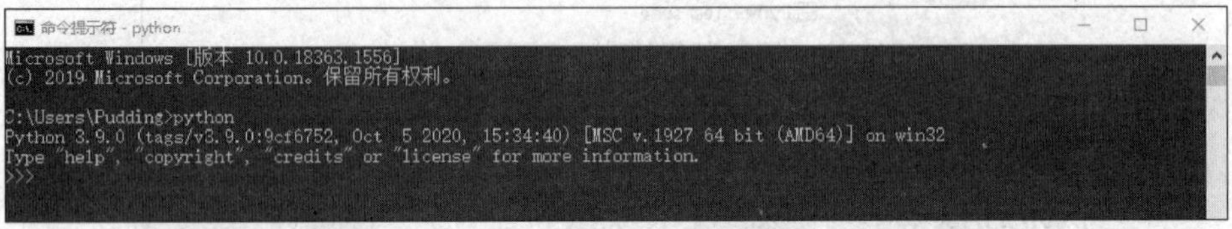

```
命令提示符 - python
Microsoft Windows [版本 10.0.18363.1556]
(c) 2019 Microsoft Corporation。保留所有权利。

C:\Users\Pudding>python
Python 3.9.0 (tags/v3.9.0:9cf6752, Oct  5 2020, 15:34:40) [MSC v.1927 64 bit (AMD64)] on win32
Type "help", "copyright", "credits" or "license" for more information.
>>>
```

图 1–2–7　Python 版本信息及命令提示符

步骤 4　安装第三方库

下面以安装 Python 中用于提供数组支持以及相应的高效处理函数的第三方库 Numpy 为例，介绍安装第三方库的方法。

（1）打开 Windows 系统的命令提示符窗口，输入以下指令。

```
pip install Numpy
```

（2）输入指令并确认后，系统会自动下载相应的第三方库，安装完成后，弹出如图 1–2–8 所示的第三方库安装信息。

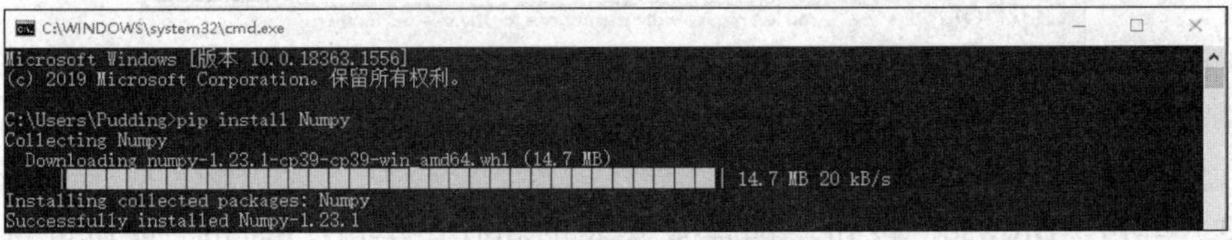

```
C:\WINDOWS\system32\cmd.exe
Microsoft Windows [版本 10.0.18363.1556]
(c) 2019 Microsoft Corporation。保留所有权利。

C:\Users\Pudding>pip install Numpy
Collecting Numpy
  Downloading numpy-1.23.1-cp39-cp39-win_amd64.whl (14.7 MB)
     |████████████████████████████████| 14.7 MB 20 kB/s
Installing collected packages: Numpy
Successfully installed Numpy-1.23.1
```

图 1–2–8　第三方库安装信息

该方法为在线安装方法，在网络延迟较大或与国外服务器连接不顺畅的情况下，该方法可能会安装失败。

下面演示一种离线安装的方法。

（1）进入 Python 官网，单击上方的“PyPI”选项，如图 1–2–9 所示。在搜索栏中输入要安装的第三方库（如 Numpy 等），按“Enter”键开始搜索。

（2）在搜索结果中选择需要的“numpy 1.23.1”版本，如图 1–2–10 所示。

（3）在下载界面（见图 1–2–11）单击“Navigation”下的“Download files”按钮，然后单击右侧的下载链接，下载第三方库的压缩包。

（4）下载完成后，解压文件，并记下文件解压的路径（如 C:\Python 3.9\numpy-1.23.1\numpy-1.23.1）。

（5）打开 Windows 系统的命令提示符窗口，输入“cd”，然后按空格键，并输入刚记录的文件解压路径，按“Enter”键，将命令提示符的当前路径修改为文件解压的路径，如图 1–2–12 所示。

（6）输入下面的指令，并按“Enter”键，系统就会自动安装下载的第三方库。

```
python setup.py install
```

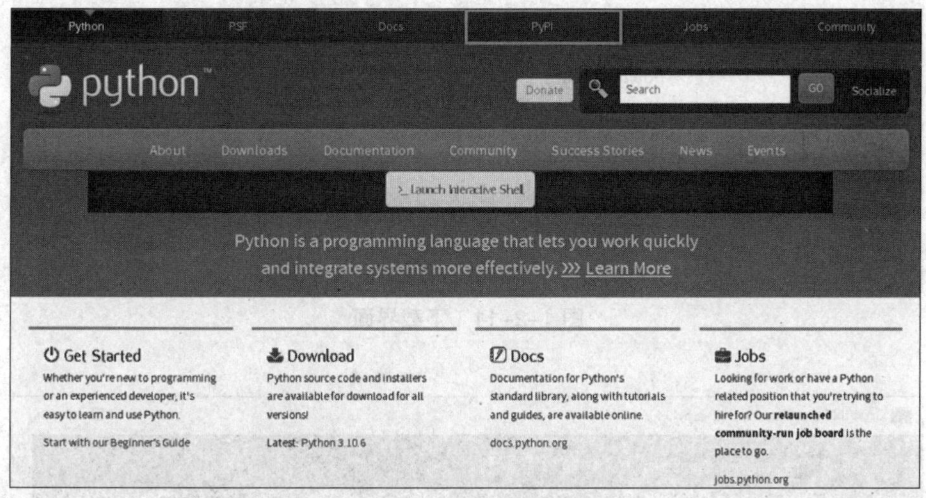

图 1–2–9　单击“PyPI”选项

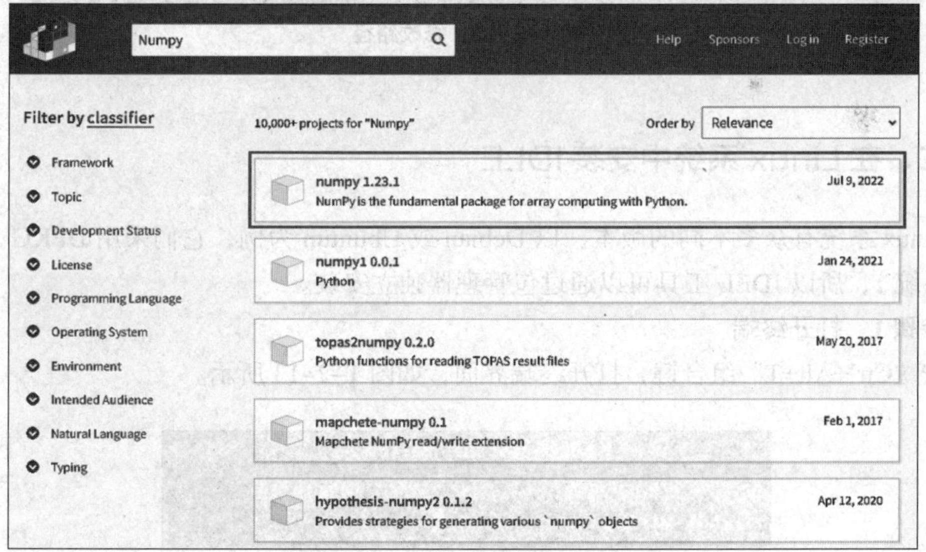

图 1–2–10　选择需要的版本

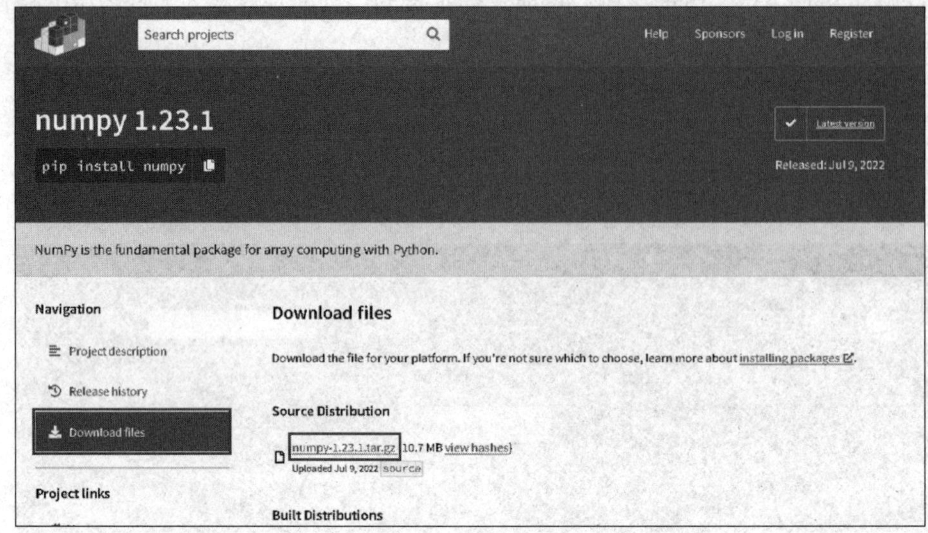

图 1-2-11　下载界面

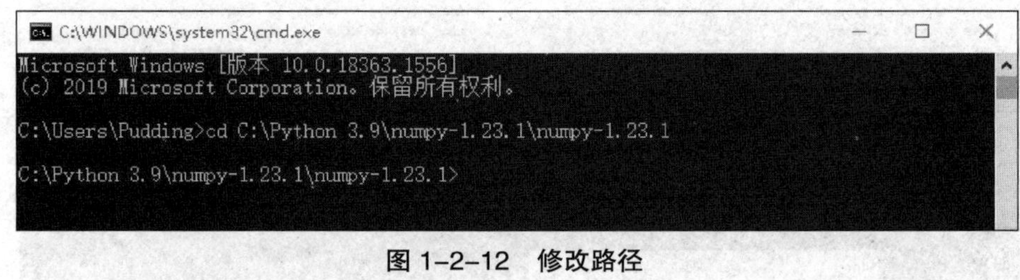

图 1-2-12　修改路径

二、在 Linux 系统中安装 IDLE

Linux 系统有众多不同的版本，以 Debian 或 Ubuntun 为例，它们采用 DPKG（套件管理系统），所以 IDLE 工具可以通过包管理器独立安装。

步骤 1　打开终端

按“Ctrl+Alt+T”组合键，打开终端界面，如图 1-2-13 所示。

图 1-2-13　Linux 终端界面

步骤 2　安装 IDLE（Python 3）

（1）输入下面的指令并按“Enter”键。

```
sudo apt install idle3
```

（2）出现如图 1–2–14 所示的提示信息时，输入“y”，并按“Enter”键。

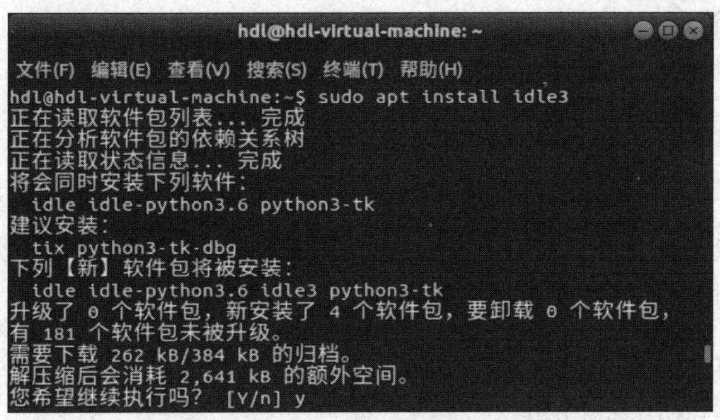

图 1–2–14 提示信息

当终端停止输出数据，并且用户输入栏再次出现时，说明 IDLE 安装结束。

步骤 3 打开 IDLE

输入如下指令，打开 IDLE。

```
idle
```

出现如图 1–2–15 所示的 IDLE 界面之后，说明已经成功地在 Linux 系统安装 IDLE。

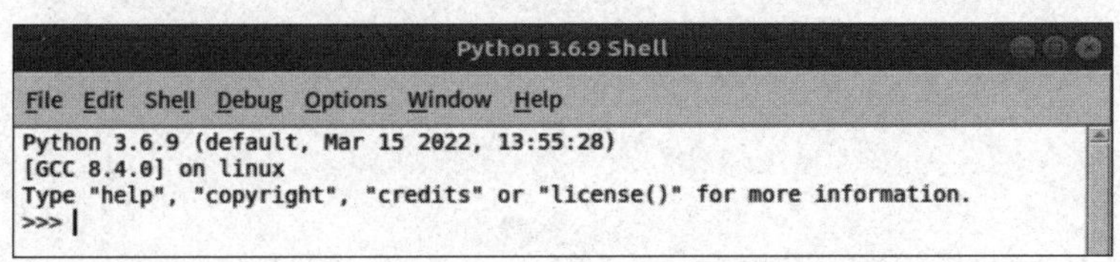

图 1–2–15 IDLE 界面

步骤 4 安装第三方库

下面以安装第三方库 Numpy 为例，介绍如何在采用 DPKG 的 Linux 系统中为 IDLE 安装第三方库。

（1）更新软件源。有时可以跳过这一步，直接执行（2）中的指令，如果系统报错，就先执行本步骤中的指令。

按“Ctrl+Alt+T”组合键，打开终端界面，输入下面的指令，并按“Enter”键。在下面的指令中，apt-get 是 Linux 系统中用来管理软件包的工具，常用的还有 apt。两者的区别在于 apt-get 是较早的软件包管理工具，它使用比较简单的命令结构，并且在一些情况下需要额外的选项来执行特定的操作。apt 是 apt-get 的进一步发展，在使用 apt 时，不需要额外的选项即可自动处理依赖关系并执行所需要的操作。在最新的 Linux 发行版本中，推荐使用 apt 代替 apt-get，因为它提供了更现代化的界面和更丰富的功能。

```
sudo apt-get update
```

（2）安装包管理工具 pip。

输入下面的指令，并按“Enter”键。

```
sudo apt-get install python3-pip
```

（3）安装第三方库。有时可跳过（3）直接执行（4）中的简化指令，如果系统报错，就先执行本步骤中的指令。

输入下面的指令，并按“Enter”键。

```
sudo apt-get install python3-numpy
```

（4）安装第三方库的简化指令。

输入下面的指令，并按“Enter”键。

```
pip3 install numpy
```

结果汇报

总结安装 IDLE 的步骤、所遇到的问题以及解决方法，并做好记录。

思考练习

1. 与在 Windows 和 Linux 系统中安装 Python 相比，在其他系统（如 macOS）中安装 Python 的方法有什么不同？

2. 简述在 Windows 和 Linux 系统中安装 IDLE 以及第三方库的操作流程和各自的优缺点。

3. 简述 Windows、Linux 以及 macOS 系统各自在编程方面的优势。

任务3　安装与使用代码编辑器（VS Code）

任务目标

1. 了解 Python 的主流 IDE 及各自的特点。
2. 能在 Windows 系统中安装 VS Code。
3. 能在 Linux 系统中安装 VS Code。

相关知识

前面安装了 Python 自带的 IDLE，然而 IDLE 有不少缺点，具体如下。

- 自带数据包数量少。IDLE 需要额外安装许多数据包，而且数据包之间时常有依赖关系。只安装成功了一种数据包，未安装其他依赖数据包，则安装成功的数据包也未必能使用。
- 缺少拓展。使用插件能大大提高编程体验，而对 IDLE 进行拓展十分困难。

这些缺点造成许多程序设计人员更倾向于把 IDLE 当成一个调试窗口，而不是将其当作日常编程工具。

鉴于此种情况，许多公司根据不同人群、不同编程语言等实际编程需要，设计制作出了许多 IDE。目前，Python 主流的 IDE 有 PyCharm、VS Code、Sublime Text、Atom、Eclipse 等。

一、PyCharm

PyCharm 带有一整套可以帮助用户在使用 Python 开发程序时提高工作效率的工具，如调试、语法高亮、项目管理、代码跳转、智能提示、自动完成、单元测试、版本控制等工具。此外，PyCharm 还提供了一些高级功能，用于支持 Django 框架下的专业网页开发。这些功能使 PyCharm 成为 Python 专业开发人员和入门开发人员的有力工具。PyCharm 允许创建插件来增强用户体验，合理利用插件还能进一步提升编程体验。然而，PyCharm 存在内存消耗大和物理磁盘空间占用偏多、启动速度慢、界面复杂、体量“臃肿”等问题，初学者想要熟练使用PyCharm还需要一定的练习时间。

二、VS Code

VS Code是微软公司开发的强大的跨平台源码编辑器，是一个较完整的开发工具集，它包括整个开发调试周期需要的绝大部分工具，如统一建模语言（unified modeling language，UML）工具、IDE等，具有完备的代码开发、调试、管理功能。VS Code还专门针对提高编程速度这一点进行了一系列调整和优化，其强大的自动补全功能以及各种人性化的功能快捷键，不论对编程速度还是编程体验，都有大幅提升。

此外，VS Code支持丰富的插件拓展，工程师们为了提供更好的编程体验，开发了具有如一键注释、拼写检查、缩进检查等功能的插件。配合插件进行编程，编程体验会大幅提升。

三、Sublime Text

Sublime Text是一个代码编辑器，也是超文本标记语言（hyper text markup language，HTML）的文本编辑器。Sublime Text是由程序员Jon Skinner于2008年1月开发的，它最初被设计为一个具有丰富拓展功能的Vim插件。Sublime Text具有美观的用户界面和强大的功能，如具有代码缩略图、代码段等工具，此外，可以自定义按键绑定菜单和工具栏。Sublime Text的主要功能包括拼写检查、即时项目切换、多选择、多窗口等。Sublime Text是一个跨平台的编辑器，同时支持Windows、Linux、macOS等系统。然而，Sublime Text存在更新缓慢、界面友好程度差、插件安装速度缓慢甚至时常安装失败等问题，因此初学者学习使用该软件要花费不少的时间。

四、Atom

Atom是GitHub（面向开源及私有软件项目的托管平台）专门为程序设计人员推出的一个跨平台文本编辑器，具有简洁、直观的用户界面，并且支持CSS、HTML、JavaScript等网页编程语言。它支持宏，可自动实现分屏功能，同时集成了文件管理器。Atom具有强大的开发维护团队，而且是开源项目，因此修复错误的速度快，生态圈成长速度快；插件管理到位，能准确找到出问题的插件。然而，Atom受限于其性能问题，启动速度非常缓慢，使用Atom打开大文件时经常出现CPU占用过高的问题。因此，使用Atom进行编程对编程者的计算机性能提出了一定的要求。

五、Eclipse

Eclipse 是一个开放源码、基于 Java 的可拓展开发平台。就其本身而言，它只是一个框架和一组服务，用于通过插件组件构建开发环境。虽然大多数用户很乐于将 Eclipse 当作 Java IDE 来使用，但 Eclipse 的目标却不仅限于此。Eclipse 还包括插件开发环境（plug-in development environment，PDE），这个组件可用于拓展 Eclipse 的功能，它允许工具开发人员构建与 Eclipse 环境无缝集成的工具。由于 Eclipse 中的每种东西都是插件，对于给 Eclipse 提供插件以及给用户提供一致的和统一的 IDE 而言，所有工具开发人员都具有同等的发挥场所，因此可以将 Eclipse 配置成一个 Python 开发环境，并且有多处可供自定义。然而，将 Eclipse 配置成 Python 开发环境的步骤较多且相对比较复杂，需要开发人员具备较好的专业能力。

在以上所介绍的 IDE 中，轻量化的 IDE 有 VS Code、Sublime Text、Atom，而体量大、功能多的 IDE 有 PyCharm、Eclipse。

本教材中选择 VS Code 作为编程软件。

任务实施

本任务要求在使用 Windows 和 Linux 系统的计算机中安装 VS Code，安装结束后进行测试，以确保成功安装。

一、在 Windows 系统中安装 VS Code

步骤 1　下载 VS Code

VS Code 下载网址为 https://code.visualstudio.com/。

（1）进入 VS Code 官网（见图 1–3–1）后，单击右上角的“Download”按钮，可以看到官方提供了针对不同系统、不同平台的 VS Code 版本的下载链接，可以根据实际使用的系统和平台进行下载。这里介绍 64 位 Windows 10 的 VS Code 下载安装教程。

（2）单击“User Installer”右边的“x64”按钮，开始下载“.exe”后缀的安装程序（见图 1–3–2）。

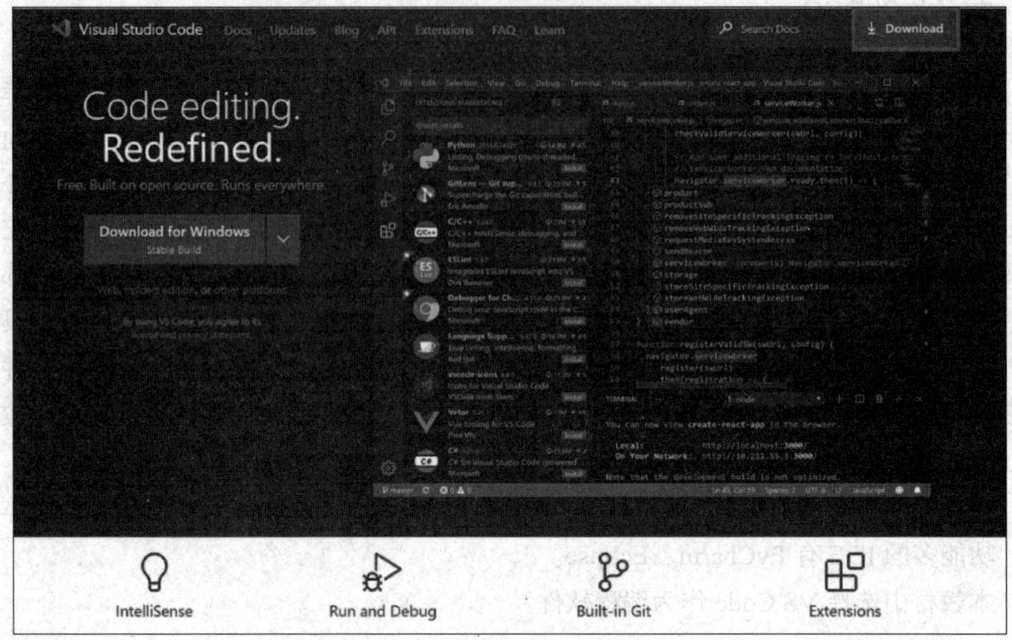

图 1–3–1　VS Code 官网

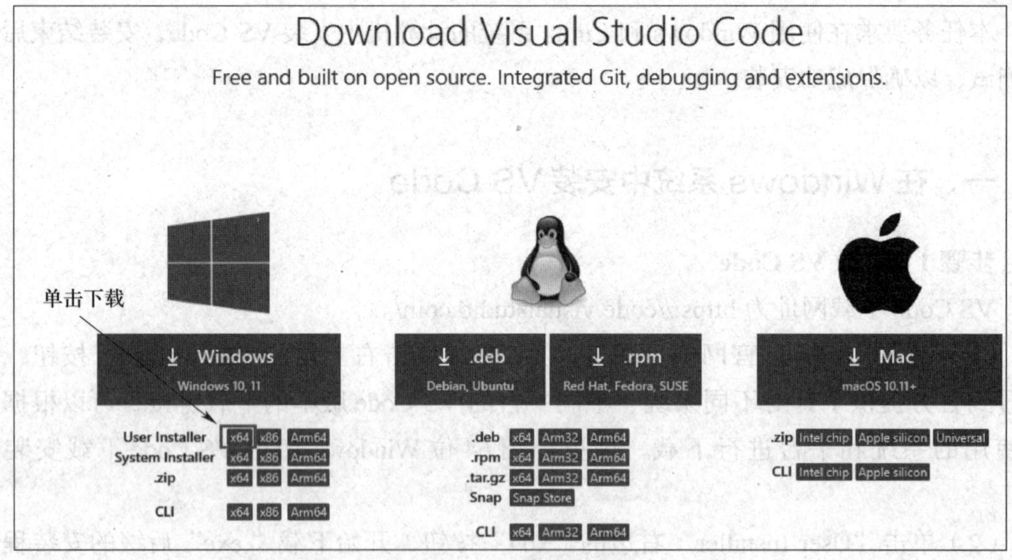

图 1–3–2　下载安装程序

步骤 2　安装 VS Code

（1）下载完成后，双击名称中含有 VSCodeUserSetup-x64 的安装程序，进入 VS Code 安装许可协议界面（见图 1–3–3）。

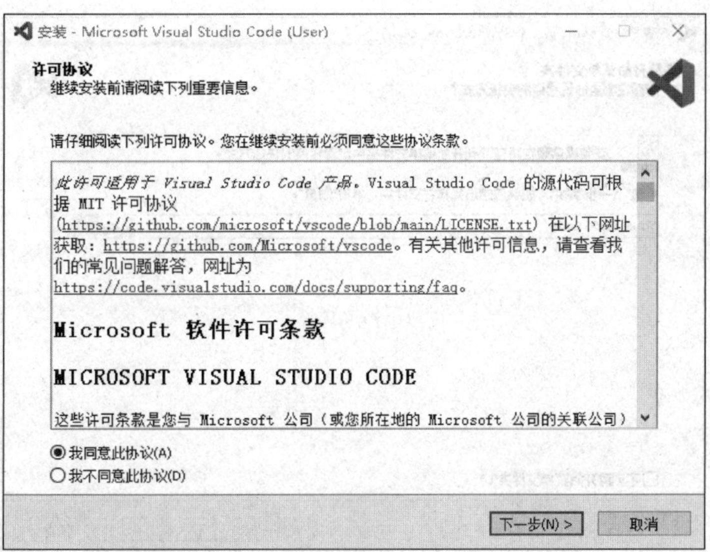

图 1-3-3　VS Code 安装许可协议界面

（2）选择“我同意此协议”单选项，然后单击“下一步”按钮，进入 VS Code 安装路径选择界面（见图 1-3-4）。

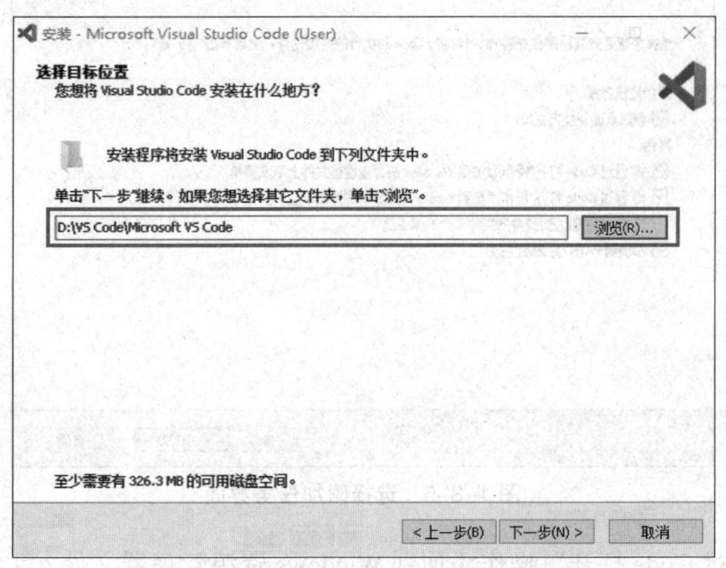

图 1-3-4　VS Code 安装路径选择界面

（3）根据实际需求选择安装路径后，单击“下一步”按钮，进入选择开始菜单文件夹界面（见图 1-3-5）。

（4）保持默认设置，单击“下一步”按钮，进入选择附加任务界面（见图 1-3-6）。选择附加任务时，要做出较多改动，具体如下。

- 创建桌面快捷方式。勾选该复选框后，软件安装完成后将在桌面创建一个快捷方式。默认不勾选，出于便捷性考虑，建议勾选该复选框。

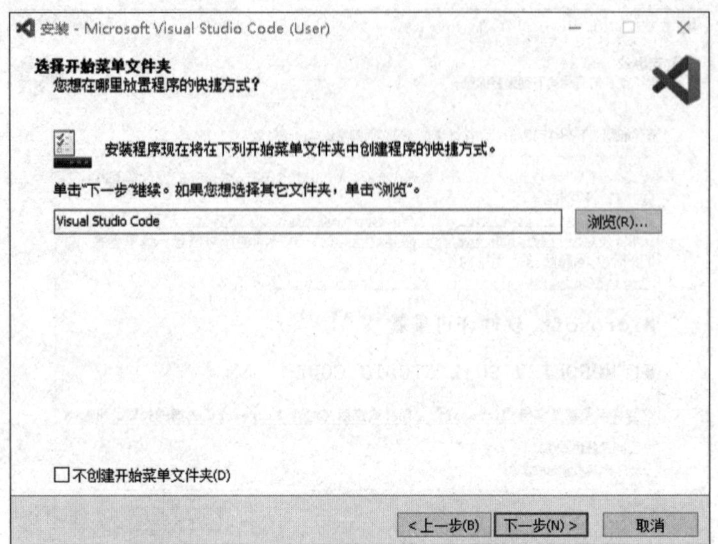

图 1-3-5　选择开始菜单文件夹界面

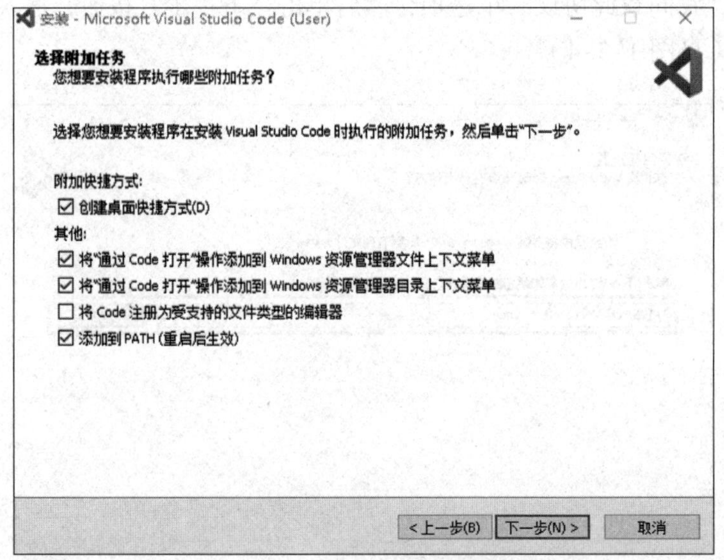

图 1-3-6　选择附加任务界面

- 将"通过 Code 打开"操作添加到 Windows 资源管理器文件 / 目录上下文菜单。勾选任一复选框后，可以将部分类型的文件使用 VS Code 打开，默认不勾选，建议勾选这两个复选框。

- 将 Code 注册为受支持的文件类型的编辑器。勾选该复选框后，会默认使用 VS Code 打开该软件支持的文件类型的文件，并且文件的图标也会改变。默认勾选，考虑到某些时候使用别的软件打开此类文件效率更高，且文件图标发生改变可能会影响使用，建议不勾选该复选框。

- 添加到 PATH（重启后生效）。勾选该复选框后，可以使用控制台打开 VS Code，默认勾选，建议保持默认。

（5）修改完成后，单击“下一步”按钮，进入准备安装界面（见图 1–3–7）。

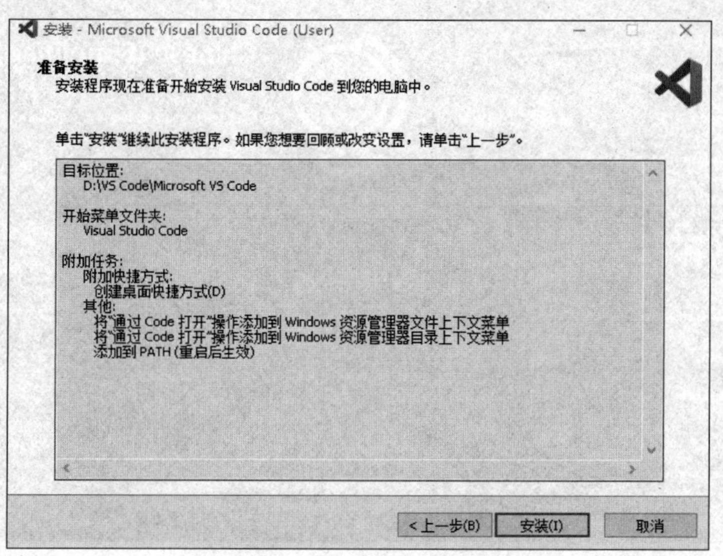

图 1–3–7　准备安装界面

（6）单击“安装”按钮，开始安装 VS Code。出现如图 1–3–8 所示的安装完成界面后，说明 VS Code 安装完成。

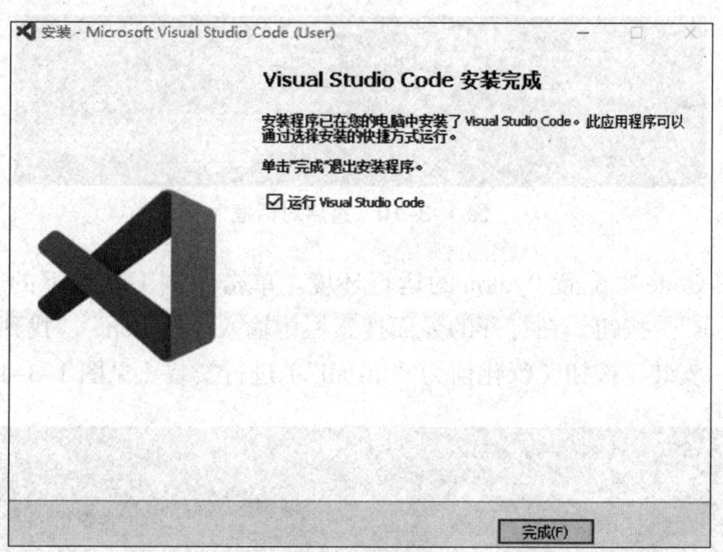

图 1–3–8　安装完成界面

步骤 3　VS Code 配置环境

（1）运行 VS Code，单击左侧工具栏下的“Extensions”按钮，在打开的界面搜索栏中输入“Chinese”，找到名为“Chinese（Simplified）(简体中文）Language Pack for Visual Studio Code”的简体中文汉化插件，单击“Install”按钮进行安装（见图 1–3–9）。

图 1-3-9　VS Code 插件安装界面

（2）安装完成后，在弹出的重启对话框中单击"Restart"按钮（见图 1-3-10），VS Code 会重启。重启完成后，可以看到整个软件已经完成汉化了。

图 1-3-10　重启对话框

（3）在 VS Code 中配置 Python 的运行环境。单击左侧工具栏下的"扩展"（汉化前为"Extensions"）按钮，在打开的界面搜索栏中输入"Python"，找到名为"Python"的插件，单击"安装"按钮（汉化前为"Install"）进行安装（见图 1-3-11）。

图 1-3-11　VS Code 的 Python 环境安装界面

Python 插件安装完成后，VS Code 的安装以及配置就完成了。

二、在 Linux 系统中安装 VS Code

步骤 1　下载 VS Code

下面以 Ubuntu 系统为例进行介绍，VS Code 下载网址为 https://code.visualstudio.com/。

（1）进入网站，单击右上角的“Download”按钮（见图 1–3–1）。

（2）下载后缀为“.deb”的安装文件，具体位置如图 1–3–12 所示。

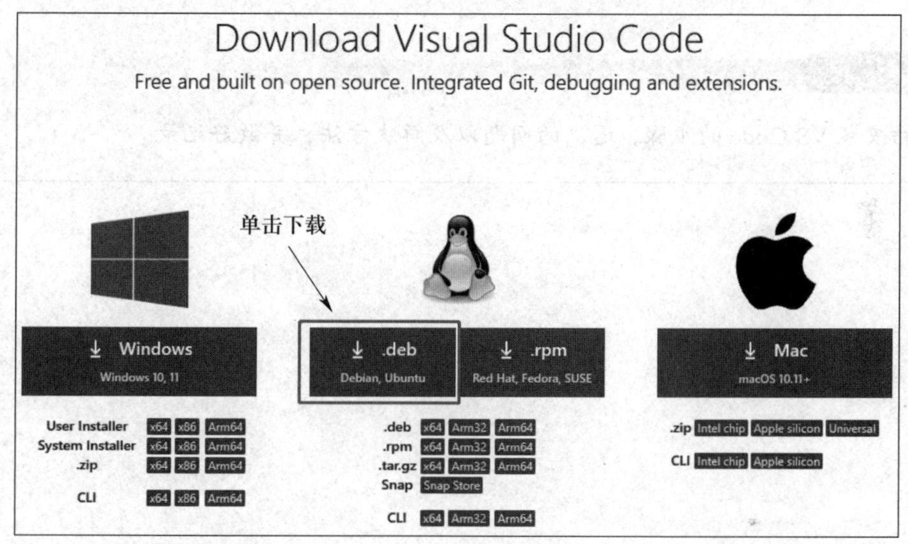

图 1–3–12　下载安装文件

单击后，即可下载后缀为“.deb”的安装程序（本教材的示例版本为 code_1.70.1-1660113095_amd64）。

步骤 2　安装 VS Code

（1）下载好安装程序后，打开一个新的终端界面，输入下面的指令并按“Enter”键，指令中的“code_1.70.1-1660113095_amd64.deb”所对应的就是刚才下载的安装程序。

```
sudo dpkg -i code_1.70.1-1660113095_amd64.deb
```

当输出如图 1–3–13 所示的信息时，说明 VS Code 已安装完成。

（2）输入下面的指令，并按“Enter”键，即可打开 VS Code。

```
code
```

在 Linux 系统中配置 VS Code 和在 Windows 系统中配置 VS Code 的方法相同，此处不做赘述。

```
hdl@hdl-virtual-machine:~/下载$ sudo dpkg -i code_1.70.1-1660113095_am
d64.deb
(正在读取数据库 ... 系统当前共安装有 276718 个文件和目录。)
正准备解包 code_1.70.1-1660113095_amd64.deb  ...
正在将 code (1.70.1-1660113095) 解包到 (1.68.1-1655263094) 上 ...
正在设置 code (1.70.1-1660113095) ...
正在处理用于 gnome-menus (3.13.3-11ubuntu1.1) 的触发器 ...
正在处理用于 desktop-file-utils (0.23-1ubuntu3.18.04.2) 的触发器 ...
正在处理用于 mime-support (3.60ubuntu1) 的触发器 ...
正在处理用于 shared-mime-info (1.9-2) 的触发器 ...
hdl@hdl-virtual-machine:~/下载$
```

图 1–3–13　安装完成信息

结果汇报

总结安装 VS Code 的步骤、遇到的问题以及解决方法，并做好记录。

思考练习

1. VS Code 与其他常用 IDE 比较，有哪些优点？
2. 在 Linux 系统中安装 VS Code 和在 Windows 系统中安装 VS Code 有何异同？

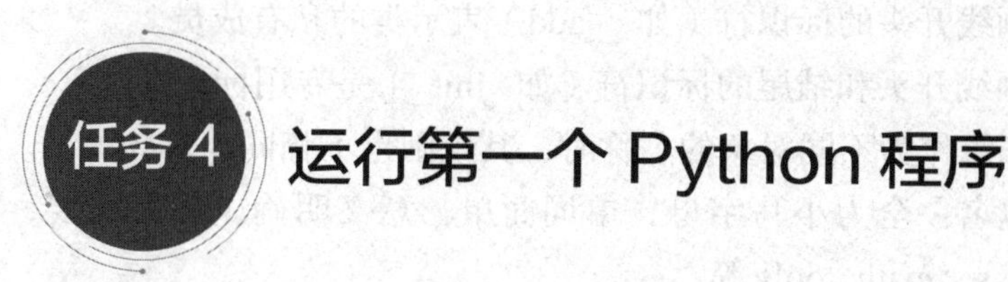

任务4 运行第一个 Python 程序

任务目标

1. 了解 Python 的编程规范。
2. 了解 Python 的编程方式。
3. 能使用 IDLE 进行交互式编程和编写源文件式编程。
4. 能使用 VS Code 进行编写源文件式编程。

相关知识

一、Python 的编程规范

良好的编程习惯不仅能够提高编程效率，还能够提高编写的程序的可读性。由于程序的开发需要开发者之间有效的沟通与协作，经常出现需要阅读源码的情况，因此编写的源码的可读性十分重要。

1. 命名规则

Python 对于标识符的命名非常频繁。标识符是一个名称，其作用是作为模块、函数、变量、类以及其他对象的名称。

Python 标识符命名规则如下。

（1）Python 标识符是由字符（A ~ Z 和 a ~ z）、下画线和数字组成的，但第一个字符不能是数字。

（2）Python 标识符不能和 Python 中的保留字（如 if、elif、else、and 等）相同。

（3）Python 标识符不能包含空格、@、% 和 $ 等特殊字符。

（4）Python 标识符严格区分大小写，两个单词拼写相同而大小写不同，对应的标识符是不同的，彼此之间是完全独立的个体。

（5）Python 允许使用汉字作为标识符。

在 Python 中，以下画线作为开头的标识符往往具有特殊含义，具体如下。

- 以单下画线开头的标识符（如 _width）表示不能直接访问的类对象属性，无法通过 from...import 的方式导入。

- 以双下画线开头的标识符（如 __add）表示类的私有成员。
- 以单下画线开头和结尾的标识符（如 _init_）是专用标识符。

此外，标识符作为不同对象的名称时，其规则也不相同，具体如下。

- 模块 / 包名：全为小写字母，单词简单，意义明确，如果需要，可以使用下画线，如 math、sys、math_tools 等。
- 函数名：全为小写字母，可以使用下画线增加可读性，如 foo()、my_func() 等。
- 变量名：全为小写字母或全为大写字母，可以使用下画线增加可读性，如 age、my_var、TEM、NUM、RATE、TOTAL_COUNT 等。
- 类名：采用帕斯卡命名法，即由多个单词组成名称，每个单词除第一个字母大写外，其余的字母均小写，如 MyNumber 等。

2. 编码风格约定

Python 编码风格应遵守的规则如下。

（1）使用空格键进行缩进，而不用“Tab”键。

（2）和语法相关的每一层缩进都需要用到 4 个空格。

（3）通常情况下，在运算符两侧、函数参数之间以及逗号两侧，都建议使用空格进行分隔。

（4）每行的字符长度不应大于 80，采用 ASCII 或 UTF-8 编码文件。

（5）使用空行分隔函数和类，以及函数内的大块代码。

（6）不要在行尾添加分号，也不要用分号将两条指令放在同一行。

（7）按照一致的命名风格命名类和函数。

3. 注释

注释用来向用户提示或解释某些代码的作用和功能，它可以出现在代码中的任何位置。Python 解释器在执行代码时会识别并忽略注释，不做任何处理。注释的最大作用是提高程序的可读性。没有注释的代码，会给他人阅读此代码带来困扰，因此在编写代码时，务必加上相应的注释。

一般情况下，合理的代码注释应占源码的 1/3 左右。

Python 支持单行注释和多行注释。

单行注释使用 # 符号注释单行内容，使用示例如下。

```
# 这是一个注释
print("Hello,World!")
```

多行注释使用三个连续的单引号 ''' 或者三个连续的双引号 """ 注释多行内容，使用示例如下。

```
'''
这是多行注释，用三个单引号
这是多行注释，用三个单引号
'''
print("Hello,World!")

"""
这是多行注释（字符串），用三个双引号
这是多行注释（字符串），用三个双引号
"""
print("Hello,World!")
```

4. 多行语句

前面提到，Python 代码每行的字符长度不应大于 80。当需要输入字符长度大于 80 的长语句时，可以使用续行符号“\”分成多行编写。续行符号的使用示例如下。

```
a=1+2+3\
+4
print(a)
```

程序运行结果如下。

```
10
```

5. 关键字与大小写

Python 关键字即保留字，保留字是 Python 中已经被赋予特定意义并带有特殊功能的单词，所以在开发程序时，不得用这些保留字为其他对象命名，不然会出现错误。

Python 中所有的保留字见表 1–4–1。

表 1–4–1　Python 中所有的保留字

序号	名称	序号	名称	序号	名称
1	False	7	elif	13	break
2	True	8	await	14	except
3	None	9	else	15	in
4	if	10	import	16	raise
5	or	11	pass	17	__peg_parser__
6	yield	12	async	18	class

续表

序号	名称	序号	名称	序号	名称
19	finally	25	lambda	31	while
20	is	26	try	32	assert
21	return	27	as	33	del
22	and	28	def	34	global
23	continue	29	from	35	not
24	for	30	nonlocal	36	with

Python 中包含的保留字可以使用下面的指令来查看。

```
>>>import keyword
>>>keyword.kwlist
['False','None','True','__peg_parser__','and','as','assert','async','await','break','class',
'continue','def','del','elif','else','except','finally','for','from','global','if','import','in','is',
'lambda','nonlocal','not','or','pass','raise','return','try','while','with','yield']
```

Python 严格区分大小写，保留字也不例外。将保留字的大小写进行修改后，可以将其用作标识符，如 for 是保留字，但 FOR 或 For 就不是保留字。

在实际开发中，如果使用 Python 的保留字作为标识符，则解释器会提示“SyntaxError: invalid syntax”的错误信息。例如以下程序。

```
print(for)
```

程序运行结果如下。

```
SyntaxError:invalid syntax
```

该错误信息通常意味着在代码中存在语法错误，可能是拼写错误、缺少关键符号、不匹配的括号或其他编码问题。

二、Python 的编程方式

Python 有两种主要的编程方式：交互式编程和编写源文件式编程。

1. 交互式编程

在交互式编程方式下，程序会对每条输入语句进行即时运行。该运行方式的优点是调试程序方便，占用资源少，适合单条语法的练习；缺点是程序无法永久保存，一旦关掉程序编写窗口，程序将在内存中被释放。

2. 编写源文件式编程

在编写源文件式编程方式下，将创建以“.py”为后缀的代码源文件，用于保存所有编写的语句，程序运行的单元就是该“.py”文件。运行程序时，里面的所有代码是一个整体。该方式是 Python 的主要编程方式。

任务实施

本任务要求通过基于 IDLE 和 VS Code 两种不同的开发环境，学习交互式编程和编写源文件式编程这两种编程方式，并认识两者之间的区别。

下面通过编写一个程序，使用 Python 中的 print 函数，将特定的数据输出到终端。

程序流程如图 1–4–1 所示。

步骤 1　基于 IDLE 进行交互式编程

（1）双击安装完 Python 后出现的 IDLE 图标（见图 1–4–2），打开 IDLE。如安装完后，桌面没有该快捷方式，通过计算机的搜索栏搜索“IDLE”并打开。

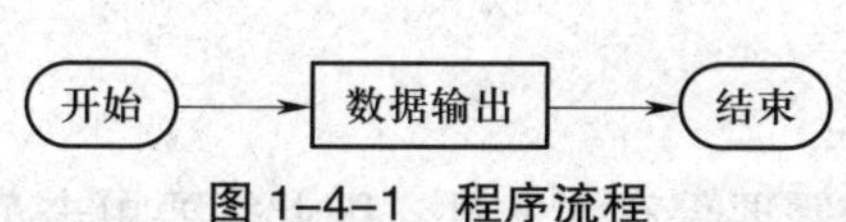

图 1–4–1　程序流程

图 1–4–2　IDLE 图标

（2）在交互模式提示符“>>>”后面输入以下程序。

```
print("Hello World!")
```

按“Enter”键，结果如下。

```
Hello World!
```

交互式编程也可以输入多行代码。下面尝试在 IDLE 环境下的终端界面依次输出数字 0 ~ 4，数字之间使用空格作为分隔符，程序和执行结果如下。

```
>>>for i in range(5):
        print(i,end=' ')
0 1 2 3 4
```

上面使用的 for...in 语句属于循环语句，其详细使用方法将在之后的项目中介绍。注意：输入“for i in range(5):”后，最后的冒号代表当前为复合语句，所以按“Enter”键后，程序不会立即执行，而会换行并且自动缩进等待输入。输入“print(i,end=' ')”后，按“Enter”键，程序仍然不会立即执行，而是会再次换行并等待输入。这是因为该循环语句块可以包含多个语句，Python 解释器考虑到设计人员可能需要在 for 循环内写多个语句，从而不会立即执行程序。当再次按“Enter”键，for 循环才会停止，Python 解释器会解释、执行各语句并输出执行结果。

步骤 2　基于 IDLE 进行编写源文件式编程

（1）打开 IDLE，单击菜单栏中的“File”→“New File”，如图 1–4–3 所示。

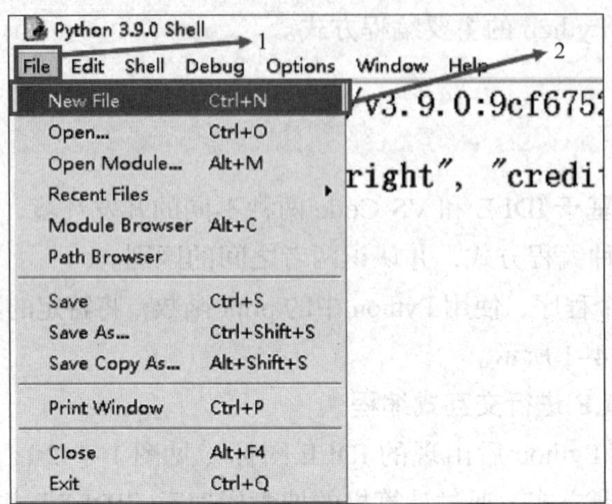

图 1–4–3　单击菜单栏中的“File”→“New File”

（2）在弹出的窗口中输入以下程序。

```
print("Hello World!")
```

由于采用编写源文件式编程时，在运行前需要保存源文件，因此需要单击菜单栏中的“File”→“Save”（见图 1–4–4），或按“Ctrl+S”组合键对当前代码文件进行保存，保存的文件以“.py”为后缀。

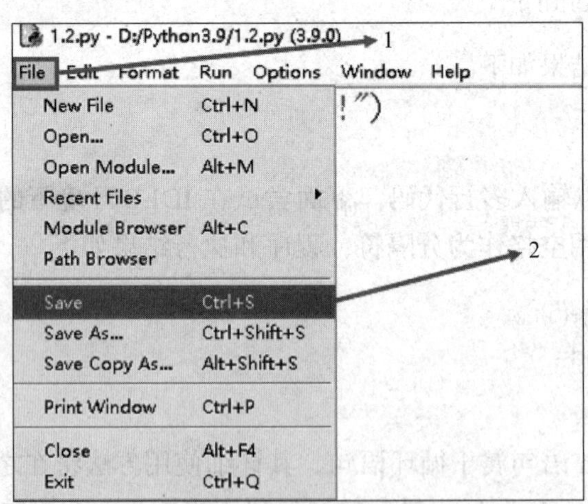

图 1–4–4　单击菜单栏中的“File”→“Save”

（3）保存完成后，单击菜单栏中的“Run”→“Run Module”（见图 1–4–5），或者按快捷键“F5”解释、运行程序（部分笔记本电脑按“Fn+F5”组合键），得到的输出结果如下。

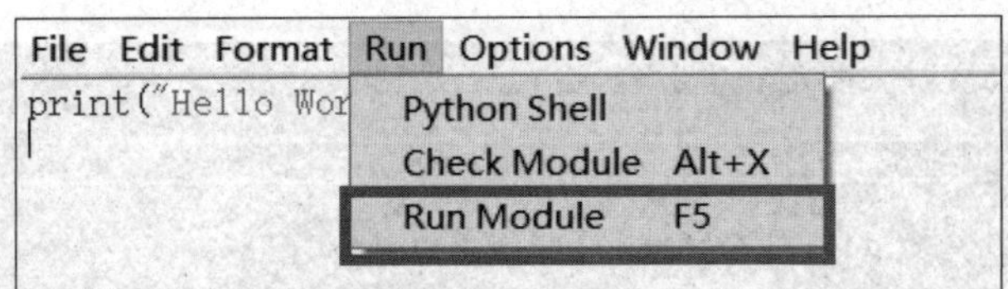

图 1-4-5　单击菜单栏中的“Run”→“Run Module”

```
Hello World!
```

同理，编写源文件式编程也很适合用来编写多段程序，此时按“Enter”键不会再自动执行代码，而是进行换行并自动判断是否需要缩进。

（1）用同样的方式打开源文件编写窗口，并输入以下程序。

```
for i in range(5):
    print(i,end=' ')
```

（2）程序输入完成后，用同样的方法对源文件进行保存，保存完成后再运行，就能得到以下输出结果。

```
01234
```

步骤 3　基于 VS Code 进行编写源文件式编程

打开 VS Code 之前，需要先在某个路径下新建一个文件夹用来存放 Python 文件。文件夹新建好后，再打开 VS Code。

（1）单击菜单栏中的“文件”→“打开文件夹”，如图 1-4-6 所示。

选择刚创建的文件夹（此处创建的是名为“code”的文件夹），VS Code 窗口左侧就会出现资源管理器栏，资源管理器栏下就是刚刚新建并选择的文件夹。

（2）为 VS Code 配置 Python 编程环境。按“Ctrl+Shift+P”组合键，打开命令面板，在上方的输入栏中输入“Python:Select Interpreter”，选择输入栏下方的“Python:Select Interpreter”选项，如图 1-4-7 所示。

（3）如果安装过不同版本的 Python，此处会出现不同版本的 Python 解释器，可以根据实际需求选择 Python 解释器版本。本教材选用的是 Python 3.9.0 版本，如图 1-4-8 所示。

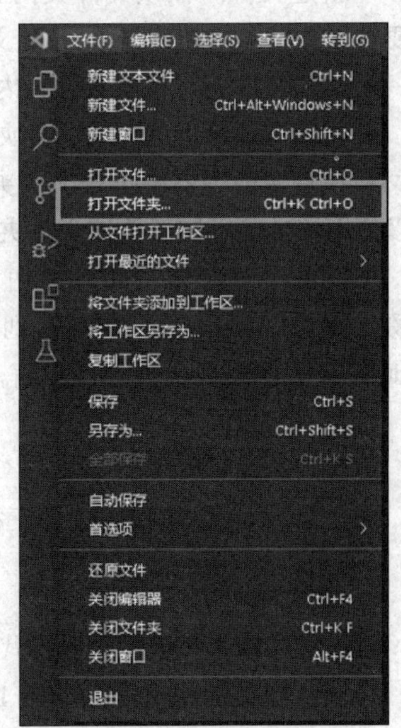

图 1-4-6　单击菜单栏中的“文件”→“打开文件夹”

图 1–4–7　选择解释器

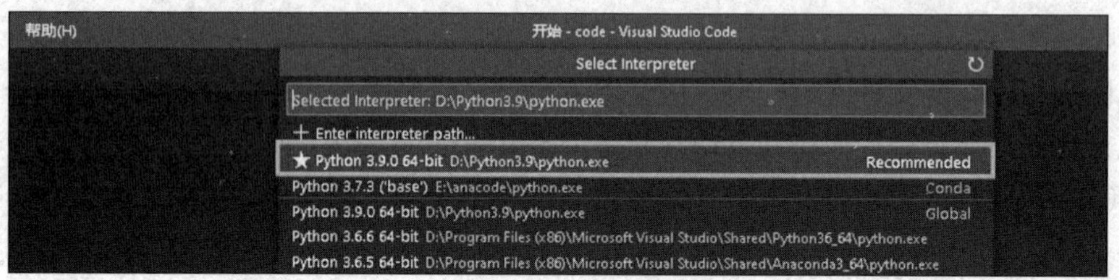

图 1–4–8　选择版本

选择版本后，在 VS Code 上配置 Python 编程环境就完成了。

（4）返回资源管理器，展开刚创建的文件夹，可以看到文件夹右侧出现如图 1–4–9 所示的四个功能按钮。

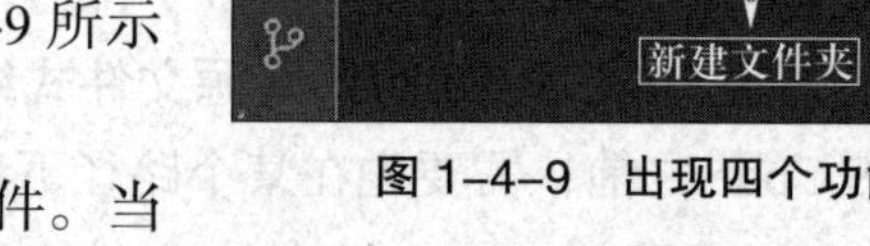

图 1–4–9　出现四个功能按钮

- 新建文件。在该文件夹内新建文件。当需要在该文件夹内新建 Python 源文件时，注意文件要以“.py”为后缀。
- 新建文件夹。在该文件夹内新建子文件夹。
- 刷新资源管理器。当文件夹内容出现变动时，可以使用此功能进行刷新。
- 在资源管理器中折叠文件夹。当该文件夹中的多个子文件夹都处于展开状态时，可以使用该功能一键折叠该文件夹中的所有子文件夹。

（5）单击“新建文件”按钮，在输入栏中输入任意名称，并以“.py”作为文件后缀，按“Enter”键，可以看到文件图标已发生改变，如图 1–4–10 所示，并且 VS Code 窗口右侧出现代码输入界面。至此，在 VS Code 中新建 Python 代码源文件已经完成。

下面开始编写程序。

（6）在输入栏中输入以下程序。

```
print("Hello World!")
```

（7）程序输入完成后，单击代码输入界面右上方的“运行”按钮（见图 1–4–11）。

终端窗口中的输出信息如图 1–4–12 所示。可以看到，单击“运行”按钮实际上就是在终端窗口中输入指令来使程序开始运行，该指令主要分为两部分，即需要调用的编译器路径，以及需要编译的程序文件路径。

图 1-4-10　文件图标发生改变

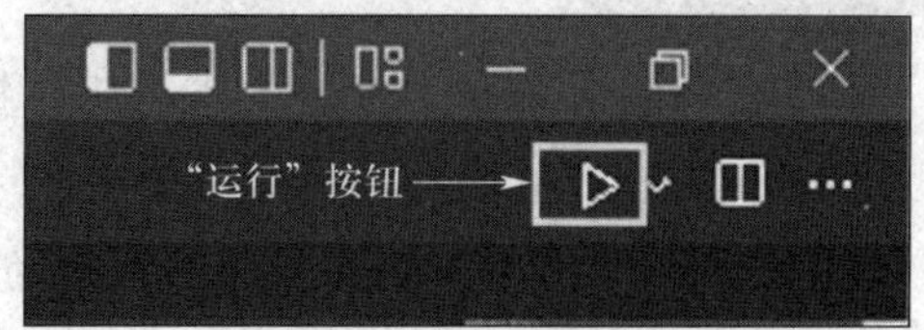

图 1-4-11　单击“运行”按钮

```
Windows PowerShell
版权所有 (C) Microsoft Corporation。保留所有权利。

尝试新的跨平台 PowerShell https://aka.ms/pscore6

PS D:\VS Code\code> & D:/Python3.9/python.exe "d:/VS Code/code/5-3.py"
Hello World!
PS D:\VS Code\code>
```

图 1-4-12　输出信息

同样，使用编写源文件式编程来编写多段代码也非常方便。下面再次使用循环语句输出 0 ~ 4 五个数字，并且用空格分隔。在输入栏中输入以下程序。

```
for i in range(5):
    print(i,end=' ')
```

得到的输出结果如下。

```
01234
```

结果汇报

总结交互式编程和编写源文件式编程两种编程方式的特点，以及基于 IDLE 和 VS Code 编写、运行第一个 Python 程序时遇到的问题及解决方法，并做好记录。

思考练习

1. 使用 print 函数输出中文或其他字符。
2. 使用 for...in 循环语句输出数字时，如何实现使用其他符号将数字分隔开？
3. 基于 IDLE 和 VS Code 运行相同的程序，哪个执行得更快？为什么？

项目二 基本数据类型

计算机能够处理多种数据，如学生的信息中包含的姓名、年龄、性别、学号、住址等。不同的数据往往属于不同的数据类型，如文本型数据、数值型数据等。对于不同的数据类型，运算和操作方式也会存在差异。

Python 支持多种数据类型，能够高效地处理各种类型的数据。本项目首先详细介绍几种 Python 内置数据类型：数字类型、字符串类型以及布尔类型，并对数据类型的转换进行讲解，然后介绍 Python 输入、输出的概念，Python 的标准输入函数 input 与标准输出函数 print 的概念和使用方法，并对标准输入函数和标准输出函数的应用进行讲解，最后介绍 Python 中字符串的常用处理方法，包括字符串的拼接、截取、分割、合并，字符串元素的统计，字符串中子字符串的检测以及字符串格式化，并对字符串的整体操作、内部元素操作和输入输出联合编程的应用进行讲解。

项目任务

- ✧ 任务 1　Python 变量的定义和使用
- ✧ 任务 2　Python 基本输入和输出的使用
- ✧ 任务 3　Python 字符串常用方法的使用

建议学时

8 学时

任务 1 Python 变量的定义和使用

任务目标

1. 了解 Python 中变量的赋值和使用。
2. 了解 Python 中的数据类型及其转换。
3. 能正确定义和使用整数型变量。
4. 能正确定义和使用浮点型变量。

相关知识

一、Python 中变量的赋值和使用

计算机程序通常用于处理各种类型的数据，不同的数据属于不同的数据类型，支持不同的运算操作。

计算机程序处理的数据通常需要放入内存。机器语言和汇编语言直接通过地址访问存储于内存中的数据，而高级语言则通过变量访问存储于内存中的数据。

在 Python 3 中“一切皆为对象”。对象是某个类（类型）的实例，对象由唯一的 ID（身份标识号）标识。从变量到对象的连接称为引用，引用是一种关系。对象可以看作一个个小箱子，用来装程序中不同的数据。每个对象都有独一无二的 ID，通过变量可以找到内存中的对象。从底层的视角解释，就是程序中的数据以对象的形式存储到内存中，变量其实就是记录对象名称并帮助程序访问具体对象的索引。

常量的概念和变量相似，不同之处在于，变量引用会发生变化的数据，而常量则引用那些不会发生变化的数据。

1. Python 中变量的赋值

变量的赋值是指把一个变量绑定到某个对象，即在变量和对象之间建立联系，其语法格式如下。

```
变量名 = 字面量或表达式
```

字面量是用于表达源码中某种固定值的表示方法，它可以是整数、浮点数、字符串等。字面量是最简单的表达式，Python 基于字面量的值创建一个对象，并将其和变量进行绑定。对于复杂的表达式，Python 先求出表达式的值，然后返回表达式结果对象，并将其和变量进行绑定。

Python 变量被访问之前必须进行初始化，即被绑定到某个对象，否则会报错。

2. Python 中变量的使用

使用 Python 中的变量时，只需要知道变量的名称即可。在 Python 代码的任何地方几乎都能使用变量。下面是一个对变量的简单使用示例。

```
myname="Python"
print(myname)
```

程序运行结果如下。

```
Python
```

二、Python 中的数据类型及其转换

Python 中的变量不需要声明，但每个变量在使用前都必须先赋值才会被创建。而变量实际上没有类型，通常所说的变量是指内存中对象的类型。

1. 数字类型（number）

（1）整数型（int）

整数就是没有小数部分的数字。Python 的整数包括正整数、0 和负整数。

有些计算机语言的整数型数据有精度或长度限制，如 C 语言提供了 short、int、long 等不同类型的整数型数据，它们占用的内存大小也不相同，开发者需要根据实际使用的数字的取值范围选用不同的数据类型。

Python 中只有一种类型的整数，而且 Python 整数的理论取值范围是无限的，实际取值大小只受计算机内存的限制。

整数可以使用多种进制来表示，不同进制的对比见表 2–1–1。

表 2–1–1　不同进制的对比

数制	前缀	基本数码	示例
十进制（以 10 为基数）	无	0 ~ 9	0、1、999、–1（负数）、+1（正数）
十六进制（以 16 为基数）	0x（或 0X）	0 ~ 9 和 A ~ F（或 a ~ f）	0x1、0X1、0x12、0X12、0x5e6
八进制（以 8 为基数）	0o（或 0O）	0 ~ 7	0o1、0O1、0o12、0O12、0o516
二进制（以 2 为基数）	0b（或 0B）	0 ~ 1	0b1、0B1、0b10、0B10、0b101010

整数型数据使用示例如下。

```
a=100   # 定义一个整数型变量，变量名为 a
type(a)  # 判断 a 变量的数据类型
print("a",type(a))   # print 的作用是将结果输出至终端

b=0x5e6        # 定义一个十六进制数 5e6
print("b=",b)

c=0o516        # 定义一个八进制数 516
print("c=",c)

d=0b101010   # 定义一个二进制数 101010
print("d=",d)
```

程序运行结果如下。

```
a<class 'int'>
b=1510
c=334
d=42
```

为了提高程序的可读性，Python 3 允许使用下画线“_”作为数字的分隔符。通常每隔三个数字可以添加一条下画线。下画线不会影响数字本身的值。例如以下程序。

```
a=10_100_100_100
print("a=",a)
```

程序运行结果如下。

```
a=10100100100
```

（2）浮点型（float）

在实际应用中，数字并不总是以整数形式存在。在编程语言中，小数通常以浮点数的形式存储。浮点数和定点数是相对的，在存储小数的过程中，如果小数点发生移动，称为浮点数；如果小数点不发生移动，称为定点数。

Python 中的小数有十进制形式和指数形式两种书写方式。

1）十进制形式。十进制形式是常见的小数形式，如 314.0、31.4、3.14、0.314 等。书写十进制形式的小数时，其必须包含一个小数点，否则会被 Python 当成整数处理。

2）指数形式。Python 小数的指数形式的书写方式如下。

```
mEn 或 men
```

其中，m 是尾数部分，以十进制形式书写；E 或 e 是固定的字符，用来分割尾数部

分和指数部分；n 是指数部分，是一个以十进制形式书写的整数。

整个书写方式等价于 $m*10^n$。

下面是浮点数在 Python 中的使用示例。

```
# 十进制下的浮点数使用
a=3.14
print("a=",a,type(a))

b=0.31415926535897932384 6
print("b=",b,type(b))

# 指数形式下的浮点数使用
c=3e5
print("c=",c,type(c))

d=12.3*0.1
print("d=",d)
```

程序运行结果如下。

```
a=3.14<class 'float'>
b=0.3141592653589793<class 'float'>
c=300000.0<class 'float'>
d=1.2300000000000002
```

从以上运行结果可以看出，Python 可以存放极大和极小的浮点数。print 函数在输出这样的浮点数时，会根据浮点数的长度适当地舍去一些数字，或采用科学计数法来表示。

c 的数值是 300 000，但它的数据类型是浮点型，所以可以看到小数点。

另外，d 的计算结果出现了误差，12.3*0.1 的计算结果本应是 1.23，而程序计算出来的却不精确。这是因为小数在内存中是以二进制形式存储的，小数点后面的部分在转换成二进制数时，可能是一串无限循环的数字，从而无法精确地表示小数，所以小数的计算结果可能会出现不精确的情况。

（3）复数型（complex）

复数是 Python 的内置数据类型，也就是说，在 Python 中使用复数，不需要依赖标准库或第三方库。

复数由实部和虚部构成，在 Python 中，复数的虚部以 j 或者 J 作为后缀，具体格式如下。

```
a+bj 或 a+bJ
```

其中，a 表示实部，b 表示虚部。

下面是复数在 Python 中的使用示例。

```
a=5+6j
b=7-0.8j
print("a=",a,type(a))
print("b=",b,type(b))

print("a+b=",a+b)
print("a-b=",a-b)
```

程序运行结果如下。

```
a=(5+6j)<class 'complex'>
b=(7-0.8j)<class 'complex'>
a+b=(12+5.2j)
a-b=(-2+6.8j)
```

不难看出，复数数据类型在 Python 中的类型名称为 complex，Python 默认支持复数的运算。

2. 字符串类型（string）

字符串是连续的字符序列。Python 中的字符串可以使用英文状态下的双引号“" "”或者单引号“' '”创建，具体格式如下。

```
" 字符串 A"
' 字符串 B'
```

字符串的内容可以是字母、标点、特殊符号、中文或者其他文字。

注意：Python 字符串中的双引号和单引号没有任何区别，而某些编程语言（如 PHP 和 JavaScript）中的双引号字符串可以解析变量，单引号字符串一律直接按原样输出。

另外，在字符串内有时需要出现引号。输入以下程序。

```
str1='I'm a good student'
print(str1)
```

程序运行后，输出结果会报错。这是因为 I 和 m 之间的单引号会被 Python 认定为这段字符串的终止单引号，所以第二个单引号后面的部分会被当作多余的部分来处理，这显然不是我们想要的。针对这种情况，有以下两种解决方案。

（1）引号转义

在引号前面添加反斜杠“\”就可以对引号进行转义，让 Python 将其当作普通文本来处理。例如以下程序。

```
str1='I\'m a good student'
str2="\" 这句话左边的引号是普通文本。这句话右边的引号是普通文本 \""
print(str1)
print(str2)
```

程序运行结果如下。

```
I'm a good student
" 这句话左边的引号是普通文本。这句话右边的引号是普通文本 "
```

（2）使用不同引号包围字符串

如果字符串中出现了单引号，可以使用双引号将其包围，反之亦然。例如以下程序。

```
str1="I'm a good student"
str2='" 这句话左边的引号是普通文本。这句话右边的引号是普通文本 "'
print(str1)
print(str2)
```

程序运行结果如下。

```
I'm a good student
" 这句话左边的引号是普通文本。这句话右边的引号是普通文本 "
```

3. 布尔类型（bool）

Python 中使用了布尔类型来表示真（对）或假（错），如不等式 1>0，这个结果是正确的，在程序中被称为真（对），在 Python 中使用 True 来表示；再如不等式 0>1，这个结果是错误的，在程序中被称为假（错），在 Python 中使用 False 来表示。

注意：True 和 False 是 Python 中的关键字，当作为 Python 代码输入时，需要注意字母的大小写是否一一对应，否则解释器会出错。

另外，在 Python 中，True 对应整数 1，False 对应整数 0，因此可以对这两个布尔值进行下面的计算。

```
a=True+1
print("a=",a)

b=False+1
print("b=",b)
```

程序运行结果如下。

```
a=2
b=1
```

注意：上面的计算只是为了演示 Python 中的布尔值各自对应的整数具体是什么，日常编程中尽量不要使用布尔值进行计算。

在 Python 中，所有的对象都可以进行真假值的测试，包括字符串、元组、列表、字典、对象等，在后面的项目中会详细介绍。

4. 数据类型转换

虽然 Python 是弱类型的编程语言，不需要像别的编程语言一样在使用变量前对变量的类型进行声明，但在某些使用场景中，仍然需要对数据的类型进行转换。

示例程序如下。

```
height=170.0
print(" 他的身高为 :"+height)
```

程序运行后，会提示以下错误信息。

```
Traceback(most recent call last):
File "d:\VS Code\code\1-2.py",line 2,in <module>
  print(" 他的身高为 :"+height)
TypeError:can only concatenate str (not "float") to str
```

从报错信息中可以获知，必须使用字符串才能实现和前面字符串的拼接。遇到这种情况，可以使用 Python 中的数据类型转换功能。下面是经过修改的代码示例。

```
height=170.0
print(" 他的身高为 :"+str(height))
```

Python 提供了多种可以实现数据类型转换的函数，见表 2–1–2。

表 2–1–2　可以实现数据类型转换的函数

函数	作　用
int(x)	将 x 转换为整数
float(x)	将 x 转换为浮点数
complex(real,[,imag])	创建一个复数
str(x)	将 x 转换为字符串
repr(x)	将 x 转换为表达式字符串
eval(str)	计算在字符串中的有效 Python 表达式，并返回一个对象
chr(x)	将整数 x 转换为一个字符
ord(x)	将字符 x 转换为它对应的整数值
hex(x)	将整数 x 转换为一个十六进制字符串
oct(x)	将整数 x 转换为一个八进制字符串

但是，在使用类型转换函数时，必须确保待转换的数据符合相应的转换函数的数据要求，如使用 int 函数无法将非数字字符串转换为整数。

示例程序如下。

```
int("100") # 转换成功
100

int("100 个 ") # 转换失败
Traceback(most recent call last):
  File "<pyshell#1>",line 1,in <module>
    int("100 个 ")
ValueError:invalid literal for int( ) with base 10:'100 个 '
```

Python 中除一些内置的函数外，还有许多可供调用的方法。表 2-1-2 中均为内置函数，后面要讲的 split 等就是方法。两者的区别是内置函数可以直接使用，方法一般通过对象调用。

任务实施

本任务要求使用前面学习的数据类型对变量进行赋值，并对变量进行基础的应用。

本任务编程思路：创建变量，使用 print 函数输出变量的值、计算结果、数据类型等信息。

程序流程如图 2-1-1 所示。

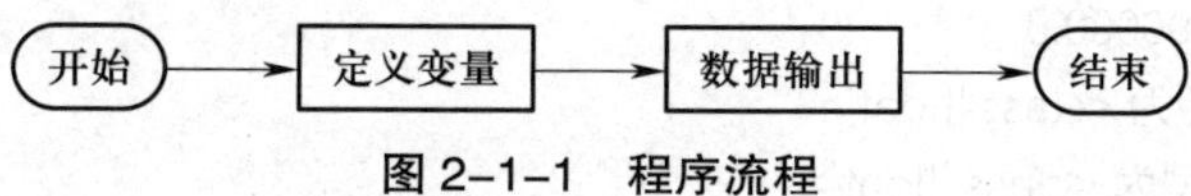

图 2-1-1　程序流程

步骤 1　整数型变量的定义和使用

创建一个整数型变量 n，并赋值为 100；再创建一个整数型变量 m，并赋值为 200。使用 print 函数输出这两个变量的数值、数据类型以及相加和相减的结果。

示例程序如下。

```
n=100
m=200
print("n 的值为 =",n)
print("m 的值为 =",m)
print("n 的数据类型为 ",type(n))
print("m 的数据类型为 ",type(m))
print("n+m=",n+m)      #print 函数可以通过表达式结果进行输出
print("n-m=",n-m)
```

程序运行结果如下。

```
n 的值为 =100
m 的值为 =200
n 的数据类型为 <class 'int'>
m 的数据类型为 <class 'int'>
n+m=300
n-m=-100
```

步骤 2　浮点型变量的定义和使用

定义一个十进制形式的浮点型变量 n，并赋值为 3.14；再定义一个指数形式的浮点型变量 m。使用 print 函数输出这两个变量的值、数据类型以及相乘和相除的结果。

示例程序如下。

```
n=3.14
m=3e5
print("n 的值为 =",n)
print("m 的值为 =",m)
print("n 的数据类型为 ",type(n))
print("m 的数据类型为 ",type(m))
print("n*m=",n*m)
print("n/m=",n/m)
```

程序运行结果如下。

```
n 的值为 =3.14
m 的值为 =300000.0
n 的数据类型为 <class 'float'>
m 的数据类型为 <class 'float'>
n*m=942000.0
n/m=1.0466666666666668e-05
```

结果汇报

总结 Python 不同变量类型的使用方法以及不同的书写方式。

思考练习

1. 使用至少两种方法实现字符串内容的换行输出。
2. 使用 Python 精确计算 12.3*0.1 的结果。

任务 2　Python 基本输入和输出的使用

任务目标

1. 了解 Python 输入、输出的概念及作用。
2. 了解标准输入函数的概念和使用方法。
3. 了解标准输出函数的概念和使用方法。
4. 能使用标准输入、输出函数输入、处理和输出数据。

相关知识

一、Python 输入、输出的概念及作用

输入和输出是程序的基本要素。人们通常会用程序完成很多事情，如数学运算、文件操作等，这些都涉及大量的数据交互。这些数据不仅是数字，还可能是图片、视频、声音等。输入数据就是将一些数据交给程序去处理，可以通过键盘输入字符，也可以通过麦克风输入声音。程序接收到这些输入的数据后，会对这些数据进行相应的处理。程序处理完这些数据后，将其呈现出来的过程就是输出。

程序通过输入接收待处理的数据，然后执行相应的处理，最后通过输出返回处理的结果，其流程如图 2-2-1 所示。

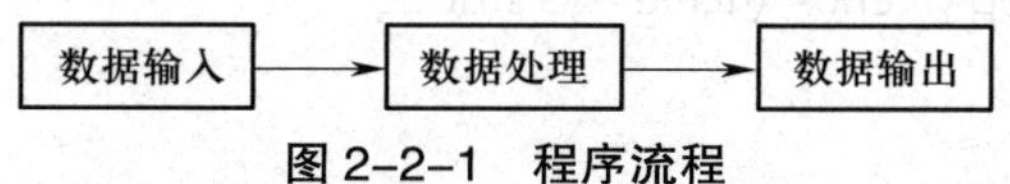

图 2-2-1　程序流程

Python 程序通常可以使用下列方式实现交互功能。

- 命令行参数。
- 标准输入和输出函数。

- 文件输入和输出。
- 图形化用户界面。

本任务将对其中的标准输入函数 input 和标准输出函数 print 进行讲解。

二、标准输入函数的概念和使用方法

input 是 Python 的内置函数，用于接收一个标准输入数据。

input 函数让程序暂停运行，等待用户输入一些数据，获取用户输入的数据后，Python 将数据存储在一个变量中，以便以后使用。用户输入完成后，按“Enter”键，程序继续运行。

input 函数的语法格式如下。

```
input('提示文本')
# 示例
# 将输入的数据赋给变量
num=input('请输入数字')
print(num)
```

注意：input 函数接收用户输入的数据后，返回的数据为字符串类型，所以在使用这些返回的数据前，需要按实际需求，使用数据类型转换函数对其进行相应的转换。

三、标准输出函数的概念和使用方法

print 是 Python 的内置函数，用来向控制台输出数据，print 是 Python 中的常用函数，也是许多初学者用到的第一个函数。

print 函数一般用于将数据转换为字符串类型后输出，能够转换的数据类型包括数字类型、布尔类型、列表变量、字典变量等。

关于 print 函数，在前面的任务中已经多次使用到。前面的任务在使用 print 函数时，都只输出了一个变量，实际上使用 print 函数可以同时输出多个变量。

print 函数的语法格式如下。

```
print(*objects,sep=' ',end='\n',file=sys.stdout)
```

各参数的含义如下。

- objects：输出的对象，需要输出多个对象时，要用逗号分隔。
- sep：用于分隔多个对象。print 函数默认使用空格对多个变量进行分隔，需要使用别的符号对变量进行分隔时，对 sep 参数进行设置即可。例如以下程序。

```
num1=100
num2=200
print(num1,num2,sep='|')
```

程序运行结果如下。

```
100|200
```

- end：用于设定以什么结尾。默认值是换行符 \n，也可以换成其他字符。
- file：用于指定 print 函数的输出目标。file 参数的默认值为 sys.stdout，该默认值代表了系统标准输出，也就是将数据输出至终端。当需要将数据输出至特定的文件内时，对 file 参数进行修改即可。

注意：Python 2 中的 print 是一个语法结构，输出数据时不需要加括号；Python 3 中的 print 是一个内置函数，输出数据时需要在 print 后面加括号。

任务实施

本任务要求在掌握 Python 基本输入、输出函数概念的基础上，使用 input 函数实现从控制台读取用户输入的内容并将其赋给变量，输入数据经过相应的处理，使用 print 函数将处理完成的数据进行输出。

本任务编程思路：使用 input 函数实现用户数据的输入，并用 print 函数将处理过的输入数据以及输入数据的类型等信息输出到终端。

程序流程如图 2-2-2 所示。

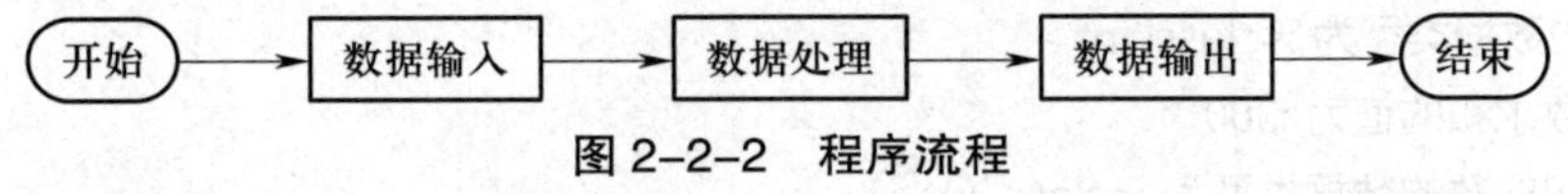

图 2-2-2 程序流程

输入以下程序。

```
m=input(" 请输入第一个整数 :")
n=input(" 请输入第二个整数 :")
print("m 的数据类型为 :",type(m))
print("n 的数据类型为 :",type(n))
result=m+n
print(" 两数求和的值为 :",result)
print(" 求和的数的数据类型为 :",type(result))
```

执行程序后，需要在终端按要求输入数据，每个数据输入完成后，按“Enter”键结束输入。此段程序需要输入两个整数，所以数据输入要进行两次。程序运行结果如下。

```
请输入第一个整数 :100
请输入第二个整数 :200
```

```
m 的数据类型为 : <class 'str'>
n 的数据类型为 : <class 'str'>
两数求和的值为 : 100200
求和的数的数据类型为 : <class 'str'>
```

可以看到，计算结果出现了错误，这是因为 input 函数的返回值是字符串类型的数据，此段代码的 result 变量计算出来的是两个字符串拼接的结果。要计算出正确的结果，需要将字符串类型的数据通过数据类型转换函数进行转换，因此需要对程序进行修改，具体如下。

```
m=input(" 请输入第一个整数 :")
n=input(" 请输入第二个整数 :")
m=int(m)
n=int(n)
print("m 的数据类型为 :",type(m))
print("n 的数据类型为 :",type(n))
result=m+n
print(" 两数求和的值为 :",result)
print(" 求和的数的数据类型为 :",type(result))
```

修改后的程序运行结果如下。

```
请输入第一个整数 :100
请输入第二个整数 :200
m 的数据类型为 :<class 'int'>
n 的数据类型为 :<class 'int'>
两数求和的值为 :300
求和的数的数据类型为 :<class 'int'>
```

可以看出，程序计算出了正确的结果。

结果汇报

在修改后的程序的基础上对多组整数进行求和，记录程序计算出的多组结果，并填入表 2–2–1。

表 2–2–1　程序计算结果记录

序号	输入数字	求和结果

思考练习

1. 如何对用户输入的浮点型的数据进行基本运算并得出正确的结果？
2. 将 print 函数的输出数据输出至某路径下的以“.txt”为后缀的文本文件。
3. 将 print 函数的输出数据输出至某路径下的表格文件。

任务 3 Python 字符串常用方法的使用

任务目标

1. 掌握 Python 中字符串的常用处理方法。
2. 能进行字符串的整体操作和内部元素操作。
3. 能进行字符串与输入、输出联合编程。

相关知识

除了数字以外，程序设计中另一种常用的数据类型就是字符串。无论哪种编程语言，都需要使用字符串。前面简要介绍了字符串的基本概念以及一些特殊字符串的处理方法，在实际开发过程中，经常需要对字符串进行处理，如拼接字符串、分割字符串、合并字符串等。这些操作无须开发者设计实现，只需要调用相应的字符串处理方法即可。

一、拼接字符串

拼接字符串是指将两个或多个字符串首尾相连，程序中使用加号。

```
'aa'+'bb'='aabb'
```

例如：

```
str1="aa"+"bb"
print(str1)
```

程序运行结果如下。

```
aabb
```

注意：

（1）如果加号两边都是字符串，则进行拼接。

（2）如果加号两边都是数字，则进行加法运算。

（3）如果加号两边类型不同，则报错。

二、截取字符串

从本质上讲，字符串是由一个或多个字符构成的，字符之间是有顺序的，字符的顺序称为索引（index）。Python 允许通过索引来操作字符串，如获取指定索引处的字符、返回指定字符的索引值等。

1. 获取单个字符

知道字符串的名称以后，在方括号“[]”中使用索引即可访问对应位置的字符，具体的语法格式如下。

```
strname[index]
```

其中，strname 表示字符串的名称，index 表示索引值。

Python 允许从字符串的两端使用索引。当以字符串的左端（字符串的开头）为起点时，索引是从 0 开始计数的，字符串中第一个字符的索引值为 0，第二个字符的索引值为 1，第三个字符的索引值为 2，以此类推。当以字符串的右端（字符串的末尾）为起点时，索引是从 –1 开始计数的，字符串中倒数第一个字符的索引值为 –1，倒数第二个字符的索引值为 –2，倒数第三个字符的索引值为 –3，以此类推。

例如以下程序。

```
str='Python 编程语言 '
print(str[5])
print(str[-5])
```

程序运行结果如下。

```
n
n
```

2. 获取多个字符

使用方括号“[]”除了可以获取单个字符，还可以指定一个范围来获取多个字符，也就是一个子串，具体格式如下。

```
strname[start:end:step]
```

各参数的含义如下。

● strname：要截取的字符串的名称。

● start：要截取的第一个字符所在的索引（截取时包含该字符）。如果不指定，默认为 0，也就是从字符串的开头截取。

● end：要截取的最后一个字符所在的索引（截取时不包含该字符）。如果不指定，默认为字符串的长度。

● step：从 start 索引处的字符开始，每 step 个距离获取一个字符，直至 end 索引处的字符。step 默认值为 1，当省略该值时，最后一个冒号也可以省略。

例如以下程序。

```
str='Python 编程语言 '        # 定义一个字符串变量 , 值为 Python 编程语言
print(str[0:9:2])        # 根据索引输出该变量 , 步长为 2
```

程序运行结果如下。

```
Pto 编语
```

三、分割字符串

split 方法用于将一个字符串根据指定的分隔符进行切割，从而形成多个子串。切割后的子串会被存储在一个列表中，并作为方法的返回值返回。这个方法在处理文本数据时非常有用。该方法的基本语法格式如下。

```
str.split(sep,maxsplit)
```

各参数的含义如下。

● str：要进行分割的字符串的名称。

● sep：用于指定分隔符，可以包含多个字符。此参数默认为 None，表示所有空字符，包括空格、换行符“\n”、制表符“\t”等。

● maxsplit：可选参数，用于指定分割的次数，最后列表中子串的个数最多为 maxsplit+1。如果不指定或指定为 –1，则表示分割次数没有限制。

在 split 方法中，如果不指定 sep 参数，需要以 str.split(maxsplit=xxx) 的格式指定 maxsplit 参数。

split 方法使用示例如下。

```
str='Py th on 编程 语言 '
list1=str.split(' ',2)  # 采用空格进行分割 , 并规定分割 2 次，得到 3 个子串
print(list1)
```

程序运行结果如下。

```
['Py','th','on 编程 语言 ']
```

四、合并字符串

在字符串处理中，join 方法同样具有重要的作用。与 split 方法相反，join 方法用于将包含多个字符串的列表（或元组）连接成一个单独的字符串。这个方法在处理拼接文本时非常有用。使用 join 方法时，它会根据指定的分隔符将列表（或元组）中的多个字符串合并起来，形成一个新的字符串。这种操作能够有效地将多个文本片段整合成一个更大的字符串。

join 方法的语法格式如下。

```
str.join(iterable)
```

各参数的含义如下。

- str：用于指定合并时的分隔符。
- iterable：做合并操作的源字符数据，允许以列表、元组等形式提供。

join 方法的使用示例如下。

```
list1=[" ","usr","bin","env"]
str1='/ '.join(list1)   # 将列表中的字符串合并成一个字符串
print(str1)
```

程序运行结果如下。

```
/usr/bin/env
```

五、统计字符串元素

count 方法用于检索目标字符串在指定字符串中出现的次数，如果检索的字符串不存在，则返回 0，否则返回出现的次数。

count 方法的语法格式如下。

```
str.count(sub,start=None,end=None)
```

各参数的含义如下。

- str：指定字符串。
- sub：目标字符串。
- start：检索的起始位置，如果不指定，默认从头开始检索。
- end：检索的结束位置，如果不指定，默认一直检索到结尾。

count 方法使用示例如下。

```
str1='Python.py'
print(str1.count('y',None,6))
```

程序运行结果如下。

```
1
```

六、检索字符串的子字符串

在 Python 中可以使用两种方法检索指定字符串中是否包含目标字符串，分别是 find 方法和 index 方法。

1. *find 方法*

find 方法用于检索字符串中是否包含目标字符串，如果包含，则返回第一次出现该字符串的索引值，反之则返回 –1。

find 方法的语法格式如下。

```
str.find(sub,start=None,end=None)
```

各参数的含义如下。

- str：指定字符串。
- sub：目标字符串。
- start：检索的起始位置，如果不指定，默认从头开始检索。
- end：检索的结束位置，如果不指定，默认一直检索到结尾。

find 方法的使用示例如下。

```
str1='Python.py'
print(str1.find('n.p',None,8))
```

程序运行结果如下。

```
5
```

2. *index 方法*

与 find 方法类似，index 方法也可以用于检索指定字符串是否包含目标字符串。不同之处在于，当目标字符串不存在时，index 方法会抛出异常（find 方法不会抛出异常）。

index 方法的语法格式如下。

```
str.index(sub,start=None,end=None)
```

各参数的含义如下。

- str：指定字符串。

- sub：目标字符串。
- start：检索的起始位置，如果不指定，默认从头开始检索。
- end：检索的结束位置，如果不指定，默认一直检索到结尾。

index 方法的使用示例如下。

```
str1='Python.py'
print(str1.index('.',None,8))
```

程序运行结果如下。

```
6
```

下面使用 index 方法进行一次失败的检索。

```
str1='Python.py'
print(str1.index('a',None,8))
```

程序运行结果如下。

```
Traceback(most recent call last):
  File "d:\VS Code\code\2-3.py",line 2,in <module>
    print(str1.index('a',None,8))
ValueError:substring not found
```

七、格式化字符串

通过格式化字符串可以输出特定格式的字符串。在 Python 中格式化字符串有以下几种方式。

方式一

```
字符串 .format( 值 1, 值 2,…)
```

方式二

```
str.format( 格式字符串 1, 值 1, 值 2,…)
```

方式三

```
format( 值 , 格式字符串 )
```

方式四

```
格式字符串 %( 值 1, 值 2,…)        #Python 2 用法的兼容版本 , 不建议使用
```

例如以下程序。

```
# 方式一的两种不同用法
print(" 学生人数 {0}, 平均身高 {1}".format(50,170))

name="Alice"
age=30
message="My name is {} and I am {} years old.".format(name,age)
print(message)

# 方式二的用法
print(' 今天 {2:{0}} 号，考了 {3:{1}} 分 '.format('.0f','.2f',20,97.5))

# 方式三的用法
print(' 我家大门高 '+format(2.562,'.2f')+' 米 ')

# 方式四的用法
print('num1=%.2f,num2=%.2f'%(5,6))
```

程序运行结果如下。

```
学生人数 50, 平均身高 170
My name is Alice and I am 30 years old.
今天 20 号，考了 97.50 分
我家大门高 2.56 米
num1=5.00,num2=6.00
```

任务实施

在本任务中，在掌握 Python 字符串的常用处理方法的基础上，使用相应的字符串操作函数，完成字符串拼接、分割、统计以及联合输入、输出等操作。

本任务编程思路：定义相应的字符串变量，使用 print 函数输出对字符串变量的操作结果。

程序流程如图 2-3-1 所示。

步骤 1　字符串的整体操作

创建两个字符串类型的变量（str1="Python"、str2=" 编程语言 "）；使用字符串拼接方法将这两个字符串拼接成一个新的字符串（str3），并将其输出到终端；使用字符串分割方法分割新字符串 ['Python',' 语言 ']。

实现代码示例如下。

```
str1="Python"
```

```
str2=" 编程语言 "
str3=str1+str2
print(str3)
list1=str3.split(' 编程 ',2)
print(list1)
```

程序运行结果如下。

```
Python 编程语言
['Python',' 语言 ']
```

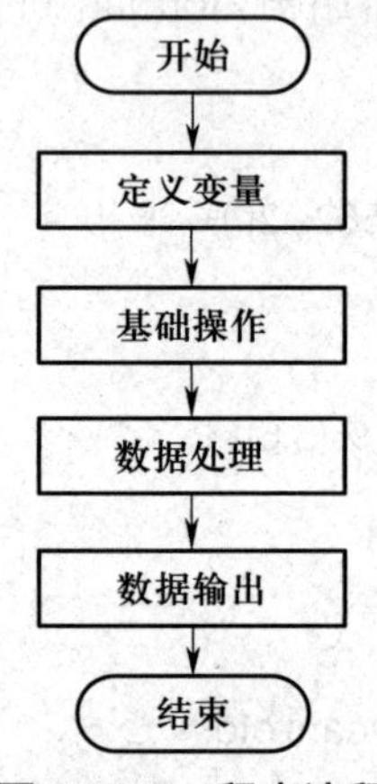

图 2–3–1　程序流程

步骤 2　字符串内部元素操作

创建一个字符串类型的变量（str1="Python 编程语言是一种解释型编程语言 "）；使用单字符截取或多字符截取方法，将“解释型编程语言”截取并输出；统计 str1 中“编程语言”出现的次数，使用两种方法找到“编程语言”第一次出现时的索引值，并将出现次数以及相关索引值输出到终端。

实现代码示例如下。

```
str1="Python 编程语言是一种解释型编程语言 "
print(str1[13:20:1])
print(str1.count(' 编程语言 '))
print("find 方法 :",str1.find(' 编程语言 '))
print("index 方法 :",str1.index(' 编程语言 '))
```

程序运行结果如下。

```
解释型编程语言
2
find 方法 :6
index 方法 :6
```

步骤 3　字符串与输入、输出联合编程

设计一个简易分数显示系统，用户将三科成绩输入后，使用列表装载输入的三个分数，并使用字符串合并方法将三个分数以“月考成绩为 :××/××/××”的形式输出到终端；使用字符串格式化方法将分数以“其中，语文成绩为 :××，数学成绩为 :××，英语成绩为 :××”的形式输出到终端。

实现代码示例如下。

```
str1=input(" 请输入语文成绩 :")
str2=input(" 请输入数学成绩 :")
str3=input(" 请输入英语成绩 :")
list1=[str1,str2,str3]
str4='/'.join(list1)
print(" 月考成绩为 :",str4)
print(" 其中 , 语文成绩为 :{0}, 数学成绩为 :{1}, 英语成绩为 :{2}".format(str1,str2,
str3))
```

程序运行结果如下。

```
请输入语文成绩 :90
请输入数学成绩 :90
请输入英语成绩 :90
月考成绩为 :90/90/90
其中 , 语文成绩为 :90, 数学成绩为 :90, 英语成绩为 :90
```

结果汇报

分析并记录任务实施中各个步骤的程序输出结果。

思考练习

1. 简述在任务实施的步骤 2 中，如何使用 find 方法和 index 方法找到第二次出现的“编程语言”的索引值。

2. 在任务实施的步骤 3 中，当需要使用双引号将各科成绩分隔开时，应如何修改代码?

3. 在任务实施的步骤 1 中，当需要把字符串进行分割并打乱顺序放入列表时，应如何修改代码?

项目三

表达式与运算符

表达式是程序设计语言的重要组成部分，是由运算符和操作数等构成的序列。本项目在前面介绍的 Python 变量类型的基础上，介绍不同类型表达式的编写方法。

运算符是 Python 程序需要进行基本运算时一定会用到的工具。本项目主要介绍 Python 中几种常用运算符的概念、作用及使用方法，通过将不同的运算符与表达式结合起来综合应用，编写出具有特定运算功能的简易运算系统。

项目任务

✧ 任务　运算符综合应用

建议学时

3 学时

任务 运算符综合应用

任务目标

1. 了解表达式的概念。
2. 熟悉各种运算符的概念、作用及基本使用方法。
3. 能通过相应的运算符实现各种运算。

相关知识

一、表达式

表达式是可以计算的代码片段。表达式由操作数、运算符和小括号按一定的规则组成。表达式通过运算后产生运算结果，返回结果对象。运算结果对象的类型由操作数和运算符共同决定。

运算符表明对操作数进行什么样的运算。运算符包括“+”“–”“*”“/”等。操作数包括文本常量（没有名称的常数值，如 1、"aaa"）、变量（如 i=123）、类的成员变量 / 函数［如 math.pi.sin(x)］等，也可以包含子表达式（如 2**10）。

表达式既可以非常简单，又可以非常复杂。当表达式包含多个运算符时，运算符的优先级控制各个运算符的计算顺序。例如，表达式 x+y*z 按 x+（y*z）计算，因为“*”运算符的优先级高于“+”运算符。

二、算术运算符

Python 提供了丰富的算术运算符，用于进行包含四则运算的各种算术运算。表 3–1–1 中按优先级列出了 Python 中的算术运算符（示例中 a 为整数型变量，取值为 8）。

表 3–1–1　Python 中的算术运算符

运算符	含义	说明	优先级	示例	结果
**	幂	操作数的乘幂	1	a**3	512
（双目）+	加法	两个操作数之和	4	a+a	16
（单目）+	一元加号	操作数的值本身	2	+a	8
（双目）–	减法	从第一个操作数中减去第二个操作数	4	a–10	–2
（单目）–	一元减号	操作数的相反数	2	–a	–8
*	乘法	操作数的积	3	a*a*2	128
/	除法	第一个操作数除以第二个操作数	3	10/a	1.25
//	整数除法	两个整数相除，结果为整数	3	10//a	1
%	模数	第一个操作数除以第二个操作数后的余数	3	10%a	2

三、赋值运算符

赋值运算符用来把右侧的值传递给左侧的变量（或者常量）。可以直接将右侧的值传递给左侧的变量，也可以进行某些运算后再传递给左侧的变量，如加减乘除、函数调用、逻辑运算等。

等号“=”是 Python 中最常见、最基本的赋值运算符，用来将一个表达式的值赋给另一个变量。等号“=”的使用示例如下。

```
# 将字面量赋给变量
a=100
b="I'm a student."
# 将一个变量的值赋给另一个变量
c=a
d=b
# 将运算的结果赋给变量
n=100+1
m=a+100
# 连续赋值
x=y=z=100
```

在 Python 中，变量是用来存储数据的，但实际上，变量并不直接存储数据本身，而是存储对数据对象的引用。这意味着变量实际上指向内存中存储的数据对象的位置，而不是存储数据本身。

当使用赋值语句（如 x=10）时，实际上是在创建一个名为 x 的变量，并将其指向一个存储值为 10 的整数对象的内存位置，这个过程称为对象引用。变量 x 是对该整数对象的引用，因此可以通过 x 来访问和操作这个整数对象。

Python 中的一切都是对象，因此，当创建一个变量并将其值赋为函数、类实例等时，实际上是在为这个变量创建一个指向相应对象的引用。

等号“=”可以与其他运算符（包括算数运算符、位运算符和逻辑运算符）相结合，拓展成功能更加强大的赋值运算符。拓展后的赋值运算符见表 3–1–2。

表 3–1–2　拓展后的赋值运算符

运算符	说明	用法举例	等价形式
=	最基本的赋值运算	x=y	x=y
+=	加赋值	x+=y	x=x+y
−=	减赋值	x−=y	x=x−y
*=	乘赋值	x*=y	x=x*y
/=	除赋值	x/=y	x=x/y
%=	取余数赋值	x%=y	x=x%y
**=	幂赋值	x**=y	x=x**y
//=	取整数赋值	x//=y	x=x//y
&=	按位与赋值	x&=y	x=x&y
|=	按位或赋值	x|=y	x=x|y
^=	按位异或赋值	x^=y	x=x^y
<<=	左移赋值	x<<=y	x=x<<y，这里的 y 指左移的位数
>>=	右移赋值	x>>=y	x=x>>y，这里的 y 指右移的位数

通常情况下，只要能使用拓展后的赋值运算符，都推荐使用这类赋值运算符。

注意：这类赋值运算符只能针对已经存在的变量赋值，因为赋值过程中需要变量引用的对象参与运算，如果变量没有提前定义，它的值就是未知的，无法参与运算。

四、位运算符

Python 位运算按照数据在内存中的二进制位进行操作，它一般用于底层开发（如算法设计、驱动、图像处理等）。

Python 位运算符只能用来操作整数型数据，它按照整数在内存中的二进制形式进行计算。Python 支持的位运算符见表 3–1–3。这里定义两个变量：变量 a 为 60，变量 b 为 13，它们的二进制格式如下。

```
a=0011 1100
b=0000 1101
```

表 3–1–3 Python 支持的位运算符

位运算符	含义	应用实例
&	按位与运算符：参与运算的两个值，如果两个相应位都为 1，则该位的结果为 1，否则为 0	a&b 输出结果为 12，二进制解释：0000 1100
|	按位或运算符：只要对应的两个二进制位有一个为 1，结果就为 1	a|b 输出结果为 61，二进制解释：0011 1101
^	按位异或运算符：当两个对应的二进制位相异时，结果为 1	a^b 输出结果为 49，二进制解释：0011 0001
~	按位取反运算符：对数据的每个二进制位取反，即把 1 变为 0，把 0 变为 1	~a 输出结果为 −61，类似于 −60−1=−61，二进制解释：1100 0011，即一个有符号整数的补码表示。补码是一种用来表示有符号整数的方式，它对于负数使用的是二进制的反码加 1 的形式
<<	左移运算符：把运算数的各二进制位全部左移若干位，由“<<”右边的数指定移动的位数，高位丢弃，低位补 0	a<<2 输出结果为 240，二进制解释：1111 0000
>>	右移运算符：把运算数的各二进制位全部右移若干位，由“>>”右边的数指定移动的位数，高位补 0，低位丢弃	a>>2 输出结果为 15，二进制解释：0000 1111

五、比较运算符

比较运算符也称关系运算符，用于对常量、变量或表达式的结果进行比较，返回值为 True（真）或 False（假），用于程序流程控制。

Python 支持的比较运算符见表 3–1–4。

表 3-1-4　Python 支持的比较运算符

比较运算符	说　明
>	大于，如果“>”前面的值大于后面的值则返回 True，否则返回 False
<	小于，如果“<”前面的值小于后面的值则返回 True，否则返回 False
==	等于，如果“==”两边的值相等则返回 True，否则返回 False
>=	大于或等于，如果“>=”前面的值大于或等于后面的值则返回 True，否则返回 False
<=	小于或等于，如果“<=”前面的值小于或等于后面的值则返回 True，否则返回 False
!=	不等于，如果“!=”两边的值不相等则返回 True，否则返回 False
is	判断两个变量所引用的对象是否相同，如果相同则返回 True，否则返回 False
is not	判断两个变量所引用的对象是否不相同，如果不相同则返回 True，否则返回 False

六、逻辑运算符

逻辑运算符用来对多个表达式进行计算，表示“且”“或”“非”等。Python 中的逻辑运算符见表 3-1-5。

表 3-1-5　Python 中的逻辑运算符

逻辑运算符	含义	基本格式	说明
and	逻辑与运算，等价于数学中的“且”	a and b	当 a 和 b 两个表达式都为 True 时，a and b 的结果才为 True，否则为 False
or	逻辑或运算，等价于数学中的“或”	a or b	当 a 和 b 两个表达式都为 False 时，a or b 的结果才为 False，否则为 True
not	逻辑非运算，等价于数学中的“非”	not a	如果 a 为 True，那么 not a 的结果为 False；如果 a 为 False，那么 not a 的结果为 True。相当于对 a 取反

逻辑运算符一般和其他类型的运算符结合使用，例如以下程序。

```
12>6 and 12>24
```

12>6 结果为 True，成立；12>24 结果为 False，不成立，所以整个表达式的结果为 False，也就是不成立。

许多人认为 Python 中的逻辑运算符用于操作布尔型的表达式，执行结果也是布尔型，这个观点是错误的。Python 中的逻辑运算符可以用来操作任何类型的表达式，不管表达式是不是布尔型，同时，逻辑运算的结果也不一定是布尔型，它可以是任意类型。

此外，在 Python 中，对于 and 运算符，当两边的值都为 True 时，最终结果才为 True，只要其中一个值为 False，最终结果就为 False。Python 按照下面的规则执行 and 运算。

- 如果左边表达式的值为 False，那么就不用计算右边表达式的值了。因为不管右边表达式的值是什么，都不会影响最终结果，最终结果都为 False，此时 and 运算会把左边表达式的值作为最终结果。
- 如果左边表达式的值为 True，那么最终值是不能确定的，and 运算会继续计算右边表达式的值，并将右边表达式的值作为最终结果。

对于 or 运算符，情况是类似的，两边的值都为 False 时，最终结果才为 False，只要其中一个值为 True，那么最终结果就为 True。Python 按照下面的规则执行 or 运算。

- 如果左边表达式的值为 True，那么就不用计算右边表达式的值了。因为不管右边表达式的值是什么，都不会影响最终结果，最终结果都为 True，此时 or 运算会把左边表达式的值作为最终结果。
- 如果左边表达式的值为 False，那么最终值是不能确定的，or 运算会继续计算右边表达式的值，并将右边表达式的值作为最终结果。

not 运算符的执行规则可参考 and 和 or 运算符进行分析。

七、三目运算符

三目运算符又称条件运算符，它是唯一一个有三个操作数的运算符，所以又称三元运算符。

在其他编程语言（如 C 语言）中，三目运算符的格式如下。

```
b?x:y
```

其工作原理是先计算条件 b，然后进行判断。如果 b 的值为 True，计算 x 的值，运算结果为 x 的值；否则计算 y 的值，运算结果为 y 的值。一个条件表达式绝不会既计算 x 的值，又计算 y 的值。

但是，Python 中并未引入其他编程语言中的三目运算符的写法，而是使用已有的 if...else 语句来实现相同的功能。

使用 if...else 语句实现三目运算符（条件运算符）的格式如下。

```
exp1 if condition else exp2
```

其中，condition 是判断条件，exp1 和 exp2 是两个表达式。如果判断条件成立（结果为 True），就执行 exp1，并把 exp1 的结果作为整个表达式的结果；如果判断条件不成立（结果为 False），就执行 exp2，并把 exp2 的结果作为整个表达式的结果。

另外，Python 中的三目运算符支持嵌套，由此构成更加复杂的表达式。在嵌套时，需要注意 if 和 else 的配对。三目运算符嵌套的格式如下。

```
a if a>b else c if c>d else d
```

其工作原理是当 a>b 时，以 a 的结果作为输出，否则对 c 和 d 的大小进行比较，当 c>d 时，以 c 的结果作为输出，否则以 d 的结果作为输出。

任务实施

本任务要求设计一个简易的税额计算系统：用户在终端输入一个整数作为月薪，税额计算系统通过税额计算公式［月薪 <5 000 元时，应缴纳税额为 0；月薪为 5 000 ~ 7 000 元时，应缴纳税额 =（月薪 −5 000）*5%；月薪为 7 000 ~ 10 000 元时，应缴纳税额 =（月薪 −5 000）*10%；月薪为 10 000 元以上时，应缴纳税额 =（月薪 −5 000）*20%］计算出应缴纳税额后，按“您该月应缴纳税额为 × × 元”的形式输出到终端。

提示：可能会用到的运算符如下。

- 赋值运算符：=。
- 比较运算符：>=。
- 算数运算符：*、−。

本任务编程思路：按照不同薪资等级，使用三个 if...else 语句将情况划分为四种，按照不同薪资水平的纳税公式进行税额计算，并使用 print 函数将结果输出到终端。

程序流程如图 3-1-1 所示。

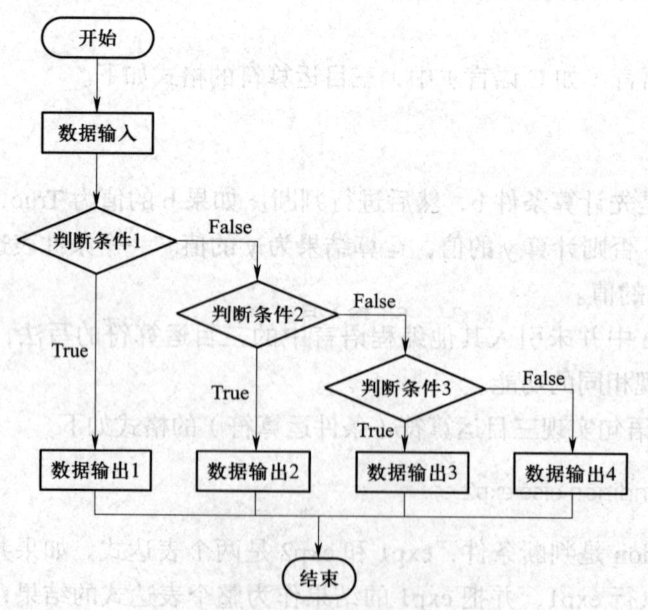

图 3-1-1　程序流程

设计出的简易税额计算系统的代码如下。

```
salary=int(input(" 请输入您当月的月薪 :"))

if salary>=5000:
    if salary>=7000:
        if salary>=10000:
            tax=(salary-5000)*0.2
            print(" 您该月应缴纳税额为 ",tax," 元 ")
        else:
            tax=(salary-5000)*0.1
            print(" 您该月应缴纳税额为 ",tax," 元 ")
    else:
        tax=(salary-5000)*0.05
        print(" 您该月应缴纳税额为 ",tax," 元 ")
else:
    print(" 您该月应缴纳税额为 0 元 ")
```

输入不同档次的月薪之后，程序运行结果如下。

```
请输入您当月的月薪 :4000
您该月应缴纳税额为 0 元
请输入您当月的月薪 :6000
您该月应缴纳税额为 50.0 元
请输入您当月的月薪 :8000
您该月应缴纳税额为 300.0 元
请输入您当月的月薪 :12000
您该月应缴纳税额为 1400.0 元
```

结果汇报

输入不同档次的月薪数据，将程序的输出结果记录在表 3–1–6 中。

表 3–1–6 输入月薪与输出结果

输入月薪	输出结果

思考练习

1. 搜索别的简易计算系统项目，尝试使用相应的算术运算符实现其功能。

2. 任务实施的代码中，if 和 else 关键字的作用各是什么？

3. 任务实施中的税额计算系统可以使用三目运算符进行简化吗？如果可以，尝试写出简化后的代码。

项目四 组合数据类型

为了深入学习 Python，本项目将介绍 Python 3 中的序列，以及列表、元组、字典、集合四种数据类型（数字类型和字符串类型已在前文提及，因此本项目将不再详述）的概念、特性，以及各自的创建、删除和使用方法。

项目任务

✧ 任务 1　序列的使用
✧ 任务 2　列表的使用
✧ 任务 3　元组的使用
✧ 任务 4　字典的使用
✧ 任务 5　集合的使用

建议学时

8 学时

序列的使用

任务目标

1. 熟悉序列的概念。
2. 掌握序列的基本使用方法。
3. 掌握检查元素是否包含在序列中的方法。
4. 了解和序列相关的内置函数。

相关知识

序列是 Python 的基础数据结构，是一组有顺序的数据。序列数据可以包含一个或多个元素，也可以是一个没有任何元素的空序列。

在 Python 中，序列类型包括列表、元组、字典、集合、字符串以及字节数据，除集合和字典不支持索引、切片、相加和相乘操作，其余序列类型均支持以下几种通用的操作。

一、序列索引

在序列中，每个元素都有属于自己的编号（索引）。例如，一个含有 n 个元素的序列从起始元素开始，索引值从 0 开始递增至 n–1，如图 4–1–1 所示。

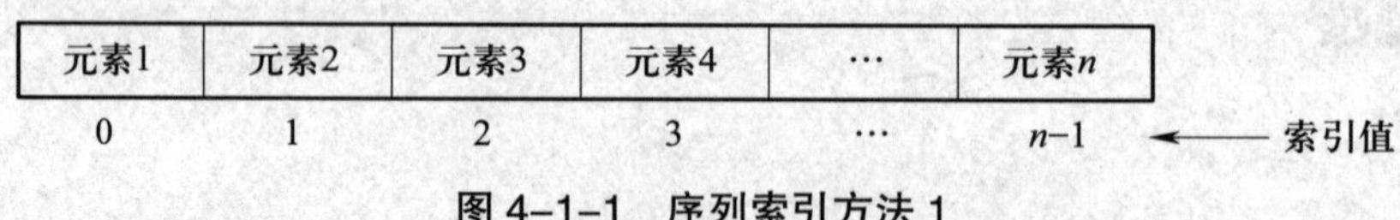

图 4–1–1　序列索引方法 1

除此之外，Python 还支持索引值是负数，此类索引是从右向左计数的，从最后一个元素开始计数，从索引值 –1 开始，如图 4–1–2 所示。

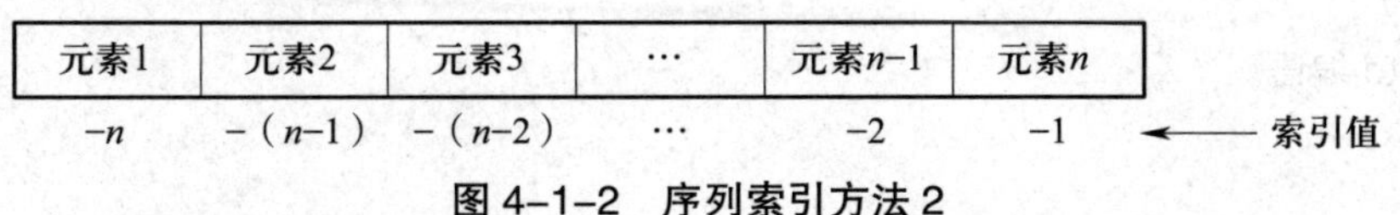

图 4–1–2　序列索引方法 2

无论是采用正索引值，还是负索引值，都可以访问序列中的任何元素。例如以下程序。

```
str="Python 编程语言 "
print(str[0],"==",str[-10])
print(str[6],"==",str[-4])
```

程序运行结果如下。

```
P==P
编 == 编
```

二、序列切片

切片操作是访问序列中元素的另一种方法，它可以访问一定范围内的元素，通过切片操作，可以生成一个新的序列。

序列实现切片操作的语法格式如下。

```
sname[start:end:step]
```

各参数的含义如下。

- sname：序列的名称。
- start：切片开始位置对应的索引值（包括该位置），此参数也可以不指定，会默认为 0，也就是从序列的开头进行切片。
- end：切片结束位置对应的索引值（不包括该位置），如果不指定，则默认为序列的长度。
- step：在切片过程中，隔几个存储位置（包含当前位置）取一次元素，也就是说，如果 step 的值大于 1，则在进行切片取序列元素时，会“跳跃式”地取元素，如果省略设置 step 的值，则最后一个冒号就可以省略。

例如以下程序。

```
str="Python 编程语言 "
print(str[:2])   # 取索引区间为 [0,2]( 不包括索引值为 2 处的字符 ) 的字符串
print(str[::2])   # 隔 1 个字符取 1 个字符 , 区间是整个字符串
```

程序运行结果如下。

```
Py
Pto 编语
```

三、序列相加、相乘

序列的相加、相乘与前面字符串的相加、相乘的调用格式和作用相同，故不在此详细说明。序列相加、相乘示例如下。

```
str1="Python"
print(str1+" 编程语言 ")
print(str1*3)
```

程序运行结果如下。

```
Python 编程语言
PythonPythonPython
```

四、检查元素是否包含在序列中

在 Python 中，可以使用 in 关键字检查某元素是否为序列的成员，其语法格式如下。

```
value in sequence
```

其中，value 表示要检查的元素，sequence 表示指定的序列。

检查元素程序示例如下。

```
str1="Python 编程语言 "
print('t' in str1)
```

程序运行结果如下。

```
True
```

和 in 关键字用法相同但功能相反的是 not in 关键字，它用来检查某个元素是否不包含在指定的序列中，例如以下程序。

```
str1="Python 编程语言 "
print('t' not in str1)
```

程序运行结果如下。

```
False
```

五、和序列相关的内置函数

除了上面的用法，Python 还提供了一些和序列相关的内置函数（见表 4–1–1），可用于实现与序列相关的一些常用操作。

表 4–1–1　和序列相关的内置函数

函数	功　能
len	计算序列的长度，即返回序列中包含多少个元素
max	找出序列中的最大元素
min	找出序列中的最小元素
list	将序列转换为列表
str	将序列转换为字符串
sum	用于计算序列中的元素和。注意：在使用 sum 函数对序列进行加操作时，序列中的元素必须是数字类型，不能是字符或字符串。如果序列中包含了字符或字符串，解释器无法确定是要进行加操作还是连接操作（因为“+”运算符可以连接两个序列），因此会导致不明确的结果。如果序列中包含非数字元素，需要先进行处理，将其转换为数字类型后再使用 sum 函数进行加操作
sorted	对元素进行排序
reversed	反向序列中的元素
enumerate	将序列组合为一个索引序列，多用在 for 循环中

结果汇报

总结归纳 Python 序列的基本概念，并做好记录。

思考练习

1. 如何创建一个序列，用来存储以下信息：学号、姓名、所在学院、专业名称？
2. 如何实现上面创建序列的切片输出？
3. 序列的长度是否为可变类型？

任务 2 列表的使用

任务目标

1. 熟悉列表的概念。
2. 掌握列表的创建和删除方法。
3. 掌握对列表中元素的操作方法。
4. 能进行列表的整体操作。
5. 能进行列表中元素的基本操作。

相关知识

列表是一组有序项目的数据结构。在创建一个列表后，用户可以访问、修改、添加或删除列表中的项目，即列表是可变的数据类型。在 Python 中没有数组，而是使用功能更强大的列表代替。

列表将所有元素都放在一对中括号中，相邻元素之间用逗号分隔。列表的格式如下。

```
[element1,element2,element3,…,elementn]
```

其中，element1 ~ element*n* 表示列表中的元素，个数没有限制，只要是 Python 支持的数据类型都可以，因此，列表可以存储整数、小数、字符串、列表、元组等任何类型的数据，并且同一个列表中元素的类型也可以不同。

例如以下程序。

```
["Python",1,[2,3,4],5.6]
```

另外，Python 列表的数据类型名称为 list，可以使用 type 函数进行查看。

```
print(type(["Python",1,[2,3,4],5.6]))
```

程序运行结果如下。

```
<class 'list'>
```

一、列表的创建

在 Python 中，创建列表的方法可以分为使用中括号“[ ]”直接创建列表和使用 list 函数创建列表两种。

1. 使用中括号“[]”直接创建列表

使用中括号“[ ]”创建列表后，一般使用等号“=”将它赋给某个变量，具体格式如下。

```
listname=[element1,element2,element3,…,elementn]
```

其中，listname 表示变量名，element1 ~ element*n* 表示列表元素。

另外，使用此方式创建列表时，列表中元素可以有多个，也可以一个都没有，例如：

```
emptylist=[ ]
```

这表明，emptylist 是一个空列表。

2. 使用 list 函数创建列表

除了使用中括号“[ ]”创建列表，Python 还提供了一个内置的函数 list，使用它可以将可迭代对象（字符串、元组、字典、集合等）转换为列表类型。例如：

```
list1=list("HelloWorld")
print(list1)
```

程序运行结果如下（将字符串转换为一个字符列表）。

```
['H','e','l','l','o','W','o','r','l','d']
```

二、列表的删除

对于已经创建的列表，如果不再需要使用，可以使用 del 关键字将其删除。

然而，在实际的开发中，通常不使用 del 来手动删除列表。这是因为 Python 具备自带的垃圾回收机制，它会自动检测和销毁不再被引用的对象，包括列表。因此，即使开发者不手动使用 del 删除列表，Python 也会在适当的时候自动回收这些无用的列表，从而释放内存空间，确保程序运行的高效性和稳定性。

del 关键字的语法格式如下。

```
del listname
```

其中，listname 表示要删除列表的名称。

Python 删除列表示例如下。

```
simple_list=[1,2,3,4]
print(simple_list)
del simple_list
print(simple_list)
```

程序运行结果如下。

```
[1,2,3,4]
Traceback(most recent call last):
  File"D:\workspace\Python\checking\000.py,line 4,in<module>
    print(simple_list)
```

三、列表中元素的访问

列表是 Python 序列的一种，可以使用索引访问列表中的某个元素（得到的是一个元素的值），也可以使用切片访问列表中的一组元素（得到的是一个新的子列表）。

使用索引访问列表元素的格式如下。

```
listname[i]
```

其中，listname 表示列表的名称，i 表示索引值。列表的索引可以是正数，也可以是负数。索引访问示意图如图 4-2-1 所示。

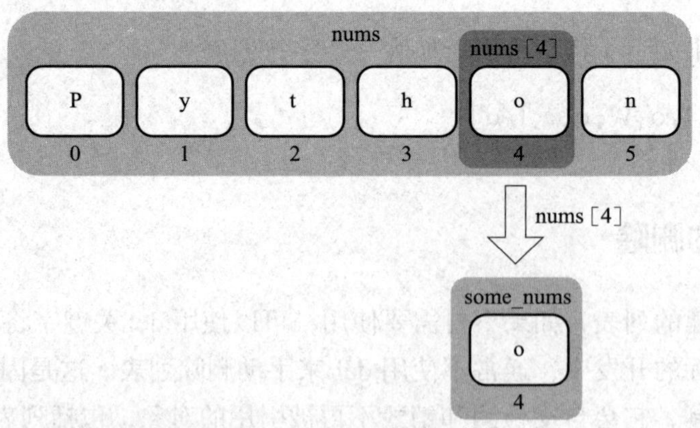

图 4-2-1　索引访问示意图

使用切片访问列表元素的格式如下。

```
listname[start:end:step]
```

步长为 1 的切片访问示意图如图 4-2-2 所示。

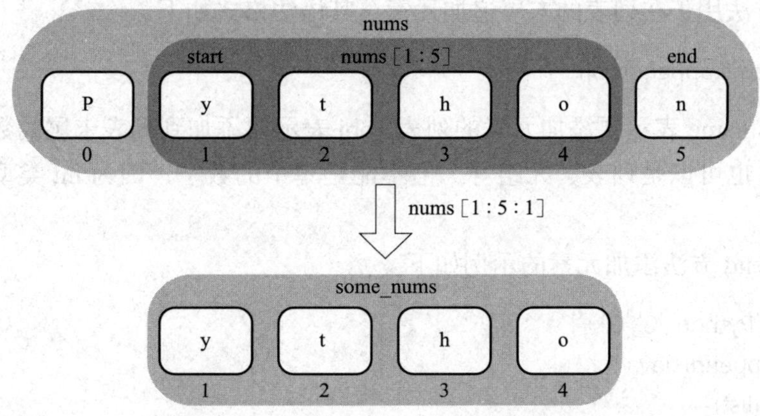

图 4-2-2　步长为 1 的切片访问示意图

以上两种方式已在序列的使用任务中进行过详细讲解，这里不再赘述。

列表元素的访问示例如下。

```
list=list("Python 编程语言 ")
# 使用索引访问列表中的某个元素
print(list[4])   # 使用正数索引
print(list[-5])  # 使用负数索引
# 使用切片访问列表中的一组元素
print(list[2:8])   # 使用正数切片
print(list[2:8:2])   # 指定步长
print(list[-7:-1])   # 使用负数切片
```

程序运行结果如下。

```
o
n
['t','h','o','n',' 编 ',' 程 ']
['t','o',' 编 ']
['h','o','n',' 编 ',' 程 ',' 语 ']
```

四、向列表中添加元素

前面讲到，使用加法运算符可以将多个序列连接起来，列表是序列的一种，所以也可以使用加法运算符进行连接，这样就相当于在第一个列表的末尾添加了另一个列表。然而，加法运算符更多的是用来拼接列表，而且执行效率并不高。如果想在列表中添加元素，应使用下面几种专用的方法。

1. 使用 append 方法添加元素

append 方法用于在列表的末尾追加元素，其语法格式如下。

```
listname.append(obj)
```

其中，listname 表示要添加元素的列表；obj 表示要添加到列表末尾的数据，它可以是单个元素，也可以是列表、元组等，但不能是单个的数字，因为 int 类型的对象不可迭代，下同。

使用 append 方法添加元素的示例如下。

```
list=['Python','C','C++']
list.append('Java')
print(list)
```

程序运行结果如下。

```
['Python','C','C++','Java']
```

注意：当给 append 方法传递列表或者元组时，该方法会将它们视为一个整体，作为一个元素添加到列表中，从而形成包含列表和元组的新列表。

2. 使用 extend 方法添加元素

extend 方法和 append 方法的不同之处在于，extend 方法不会把列表或元组视为一个整体，而是把它们包含的元素逐个添加到列表中。

extend 方法的语法格式如下。

```
listname.extend(obj)
```

其中，listname 表示要添加元素的列表；obj 表示要添加到列表末尾的数据，需要是一个可迭代对象，它可以是单个元素，也可以是列表、元组等，但不能是单个的数字。

使用 extend 方法添加元素的示例如下。

```
list=['Python','C','C++']
list.extend('Java')
print(list)
```

程序运行结果如下。

```
['Python','C','C++','J','a','v','a']
```

可以看到，extend 方法将字符串转换为字符元素添加到列表末尾。

3. 使用 insert 方法添加元素

append 方法和 extend 方法只能在列表末尾添加元素，如果希望在列表中间某个位置添加元素，可以使用 insert 方法。

insert 方法的语法格式如下。

```
listname.insert(index,obj)
```

其中，index 表示指定位置的索引值。insert 方法会将 obj 添加到 listname 列表第 index 个元素的位置。

当添加列表或者元组时，insert 方法会将它们视为一个整体，作为一个元素添加到列表中，这一点和 append 方法是一样的。

使用 insert 方法添加元素的示例如下。

```
list=['Python','C','C++']
list.insert(1,'Java')
print(list)
```

程序运行结果如下。

```
['Python','Java','C','C++']
```

五、从列表中删除元素

从 Python 列表中删除元素一共有四种方法，按照不同的使用场景可以分为以下三类。

- 根据目标元素所在位置的索引进行删除，可以使用 del 关键字或者 pop 方法。
- 根据元素本身的值进行删除，可以使用列表（list 类型）提供的 remove 方法。
- 将列表中所有元素都删除，可以使用列表（list 类型）提供的 clear 方法。

1. del 关键字

del 是 Python 中的关键字，专门用来执行删除操作，它不仅可以删除整个列表，还可以删除列表中的某些元素。因为前面已经详细介绍过如何删除列表变量，所以这里只讲解如何删除列表元素。

del 可以删除列表中的单个元素（通过索引值），其格式如下。

```
del listname[index]
```

其中，listname 表示列表的名称，index 表示元素的索引值。

del 也可以删除中间一段连续的元素，其格式如下。

```
del listname[start:end]
```

其中，start 表示起始索引值，end 表示结束索引值。del 会删除从索引值 start 到 end 之间的元素，不包括 end 位置的元素。

使用 del 删除单个列表元素的示例如下。

```
list=['Python','C','C++','Java']
del list[3]
print(list)
```

程序运行结果如下。

```
['Python','C','C++']
```

2. pop 方法

pop 方法用来删除列表中指定索引处的元素，其字面意思为弹出，类似于数据结构中的“出栈”操作。其格式如下。

```
listname.pop(index)
```

其中，listname 表示列表的名称，index 表示索引值。如果不写 index 参数，默认会删除列表中的最后一个元素。

pop 方法使用示例如下。

```
list=['Python','C','C++','Java']
list.pop(3)
print(list)
```

程序运行结果如下。

```
['Python','C','C++']
```

大部分编程语言都会提供和 pop 方法相对应的方法，即 push 方法，字面意思为压入，该方法用来将元素添加到列表的尾部，类似于数据结构中的“入栈”操作。但是 Python 是个例外，Python 并没有提供 push 方法，因为完全可以使用 append 方法代替 push 方法实现其功能。

3. remove 方法

除了 del 关键字，Python 还提供了 remove 方法，该方法会根据元素本身的值进行删除操作。

注意：remove 方法只会删除第一个和指定值相同的元素，而且必须保证该元素是存在的，否则会引发 ValueError 错误。

remove 方法使用示例如下。

```
list=['Python','C','C++','Java']
list.remove('C')
print(list)
```

程序运行结果如下。

```
['Python','C++','Java']
```

4. clear 方法

clear 方法用来删除列表中的所有元素，即清空列表。

clear 方法使用示例如下。

```
list=['Python','C','C++','Java']
list.clear()
print(list)
```

程序运行结果如下。

```
[]
```

六、列表中元素的修改

Python 提供了两种修改列表元素的方法，可以每次修改单个元素，也可以每次修改一组元素。

1. 修改单个元素

修改单个元素非常简单，直接对元素赋值即可。例如：

```
list=['Python','C','C++','Java']
list[2]='C#'
print(list)
```

程序运行结果如下。

```
['Python','C','C#','Java']
```

2. 修改一组元素

Python 支持通过切片语法给一组元素赋值。在进行这种操作时，如果不指定步长（step 参数），Python 就不会要求新赋值的元素个数与原来的元素个数相同，这意味着，该操作既可以为列表添加元素，又可以为列表删除元素。

下面的代码演示了如何修改一组元素的值。

```
num=[1,2,3,4,5]
num[1:3]=[-2,-3,-4]   # 修改第 1~3 个元素的值
print(num)
```

程序运行结果如下。

```
[1,-2,-3,-4,4,5]
```

七、列表中元素的查找

Python 列表提供了 index 方法和 count 方法，它们都可以用来查找元素，一个主要用于定位，另一个则用于统计数量。

1. *index 方法*

index 方法用来查找某个元素在列表中出现的位置（也就是索引），如果该元素不存在，则会导致 ValueError 错误。

index 方法的语法格式如下。

```
listname.index(obj,start,end)
```

其中，listname 表示列表的名称，obj 表示要查找的元素，start 表示起始位置，end 表示结束位置。

start 和 end 参数用来指定检索范围。

- start 和 end 可以都不写，此时会检索整个列表。
- 如果只写 start 不写 end，那么表示检索从 start 到末尾的元素。
- 如果 start 和 end 都写，那么表示检索 start 和 end 之间的元素。

index 方法会返回元素所在列表中的索引值。

index 方法使用示例如下。

```
num=[7,2,5,36.48,60,54,1]
print( num.index(2))   # 检索列表中的值为 2 的元素
print( num.index(5,2,5))   # 检索位置 2 到位置 5 之间值为 5 的元素
print( num.index(1,2))   # 检索位置 2 之后值为 1 的元素
print( num.index(77))   # 检索值为 77 的元素（不存在）
```

程序运行结果如下。

```
1
2
6
Traceback(most recent call last):
  File "d:\VS Code\code\4-1.py",line 5,in <module>
    print(num.index(77))
ValueError:77 is not in list
```

2. count 方法

count 方法用来统计某个元素在列表中出现的次数，其语法格式如下。

```
listname.count(obj)
```

其中，listname 表示列表名称，obj 表示目标元素。

如果 count 返回 0，表示列表中不存在该元素，所以 count 也可以用来判断列表中的某个元素是否存在。

count 方法使用示例如下。

```
num=[7,2,54,36.48,60,54,1]
print("54 出现了 %d 次 " % num.count(54))
```

程序运行结果如下。

```
54 出现了 2 次
```

在上面的程序中用到了“%d”，在 Python 中，%d 是一个占位符，用于格式化字符串输出。当使用 %d 格式化字符串时，它会被替换为一个整数值。用户可以将 %d 放在字符串中的任何位置，Python 会将其替换为相应的整数值，并将整数的文本表示输出到字符串。同理，若想要表示浮点型、字符串型，占位符可以分别为“%f”和“%s”。

任务实施

本任务要求完成列表的整体操作和对列表中元素的操作。列表的整体操作需要分别使用两种方式创建列表 list1 和 list2，并分别使用索引和切片的方式访问列表中的指定元素，在完成操作后删除列表，并输出删除列表后的内容。对列表中元素的操作需要创建存放指定元素的列表 list1，在列表中添加元素后，使用 count 方法统计列表中指定字母的个数，使用 index 方法找到指定元素在列表中的索引值，并修改列表中指定元素的值，最后删除列表。

本任务编程思路：创建列表，使用 print 函数将列表的相关信息以及基本操作结果输出到终端。

程序流程如图 4-2-3 所示。

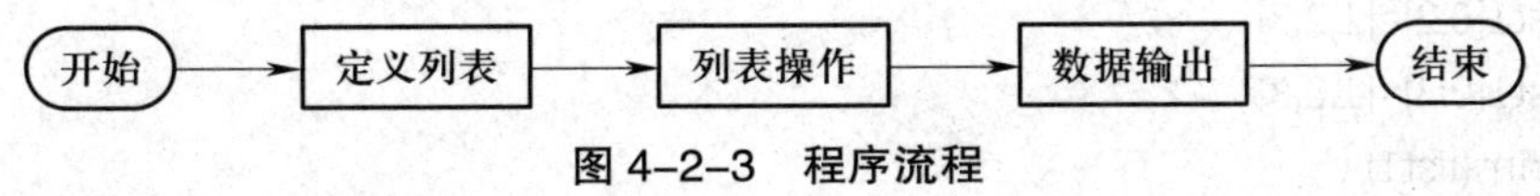

图 4-2-3　程序流程

步骤 1　列表的整体操作

使用中括号“[ ]”直接创建列表以及使用 list 函数创建列表两种方法创建出两个列

表（list1=["C++","Python","C#","Java"]、list2=["解释型编程语言","Python"]），分别使用索引和切片两种访问方式访问列表中的“Python”并将其输出到终端，随后删除这两个列表，使用 print 函数输出删除列表后的内容。

程序示例如下。

```
list1=list(["C++","Python","C#","Java"])
list2=["解释型编程语言","Python"]
print(list2[1])
print(list1[1:2:1])
del list1
del list2
print(list1,list2)
```

程序运行结果如下。

```
Python
['Python']
Traceback(most recent call last):
  File "d:\VS Code\code\4-2.py",line 7,in <module>
    print(list1,list2)
NameError:name 'list1' is not defined
```

步骤 2　对列表中元素的基本操作

创建一个列表（list1=['x','y','z','m','n']），使用任意一种方法向列表内添加新元素“Python”；使用 count 函数计算出目前该列表内字母“m”与“n”的个数，使用 index 方法找到字母“m”的索引值；将列表内的“x”“y”“z”修改成 1、2、3；将该列表内的元素全部删除。每一个过程结束之后都需要使用 print 函数输出当前列表内的数据。

程序示例如下。

```
list1=['x','y','z','m','n']
list1.append('Python')
print(list1)
print(list1.count('m'))
print(list1.count('n'))
print(list1.index('m'))
list1[0:2]=[1,2,3]
list1[0:3]=[1,2,3]
print(list1)
list1.clear()
print(list1)
```

程序运行结果如下。

```
['x','y','z','m','n','Python']
1
1
3
[1,2,3,'z','m','n','Python']
[]
```

结果汇报

记录任务实施中步骤 2 使用三种不同添加元素方法的程序运行结果。

思考练习

1. 任务实施中，步骤 2 基于三种不同添加元素方法的程序运行结果不同，为什么？

2. 任务实施中，如果要实现用不同方法添加元素并输出相同的结果，应如何修改程序？

3. 如果将某个列表删除后，再使用 type 函数查看该列表的类型，程序的输出会是什么？

任务3 元组的使用

任务目标

1. 掌握元组的创建、删除与修改方法。
2. 掌握对元组内部元素进行访问的方法。
3. 能进行元组创建、元组元素访问、元组数据替换等操作。

相关知识

元组是一组有序序列，包含零个或多个对象引用。元组和列表十分相似，但元组是不可变的对象，即用户不能修改、添加或删除元组中的元素（但可以访问元组中的元素）。

元组的所有元素都放在一对小括号中，相邻元素之间用逗号分隔。元组的格式如下。

```
(element1,element2,…,elementn)
```

其中，element1 ~ element*n* 表示元组中的元素，个数没有限制，只要是 Python 支持的数据类型都可以，所以元组可以存储整数、实数、字符串、列表、元组等任何类型的数据，并且在同一个元组中，元素的类型可以不同。

例如以下程序。

```
("Python",1,[1,'a'],("aaa",3.0))
```

通过 type 函数可以对元组的数据类型名称进行查看，具体如下。

```
print(type(("Python",1,[1,'a'],("aaa",3.0))))
```

程序运行结果如下。

```
<class 'tuple'>
```

即元组的数据类型为 tuple 类型。

一、元组的创建

Python 提供了两种创建元组的方法，下面逐一进行介绍。

1. 使用小括号“()”创建元组

使用小括号“()”创建元组后，一般使用等号“=”将它赋给某个变量，具体格式如下。

```
tuplename=(element1,element2,…,elementn)
```

其中，tuplename 表示变量名，element1 ~ element*n* 表示元组的元素。

注意：

（1）在 Python 中，元组通常都是使用一对小括号将所有元素括起来，但小括号不是必需的，只要将各元素用逗号隔开，Python 就会将其视为元组。

（2）当创建的元组中只有一个字符串类型的元素时，该元素后面必须加一个逗号，否则 Python 解释器会将它视为字符串。

2. 使用 tuple 函数创建元组

除了使用小括号“()”创建元组，Python 还提供了一个内置的函数 tuple，用来将其他数据类型转换为元组类型。

tuple 函数的语法格式如下。

```
tuple(data)
```

其中，data 表示可以转换为元组的数据（可迭代对象），包括字符串、元组、range 对象等。

tuple 函数的使用示例如下。

```
# 将字符串转换为元组
tup1=tuple("Python")
print(tup1)
# 将列表转换为元组
list1=['a','b','c','d']
tup2=tuple(list1)
print(tup2)
# 将字典转换为元组
dict1={'x':100,'y':200,'z':300}
tup3=tuple(dict1)
print(tup3)
```

```
# 将区间转换为元组
range1=range(1,3)
tup4=tuple(range1)
print(tup4)
# 创建空元组
print(tuple())
```

程序运行结果如下。

```
('P','y','t','h','o','n')
('a','b','c','d')
('x','y','z')
(1,2)
()
```

二、元组的删除

当创建的元组不再使用时，可以通过 del 关键字将其删除，例如以下程序。

```
tup1=('Python','C++')
print(tup1)
del tup1
print(tup1)
```

程序运行结果如下。

```
('Python','C++')
Traceback(most recent call last):
  File "d:\VS Code\code\4-3.py",line 4,in <module>
    print(tup1)
NameError:name 'tup1' is not defined
```

三、元组元素的访问

和列表一样，可以使用索引访问元组中的某个元素（得到的是一个元素的值），也可以使用切片访问元组中的一组元素（得到的是一个新的子元组）。

使用索引访问元组元素的格式如下。

```
tuplename[i]
```

其中，tuplename 表示元组的名称，i 表示索引值。元组的索引可以是正数，也可以是负数。

使用切片访问元组元素的格式如下。

```
tuplename[start:end:step]
```

其中，start 表示起始索引，end 表示结束索引，step 表示步长。

以上两种方式已在序列的使用任务中进行了详细讲解，这里不再赘述。

元组元素的访问示例如下。

```
tup=tuple('Python 编程语言 ')
# 使用索引访问元组中的某个元素
print(tup[2])   # 使用正数索引
print(tup[-3])   # 使用负数索引
# 使用切片访问元组中的一组元素
print(tup[3:6])   # 使用正数切片
print(tup[3:6:2])   # 指定步长
print(tup[-4:-1])   # 使用负数切片
```

程序运行结果如下。

```
t
程
('h','o','n')
('h','n')
(' 编 ',' 程 ',' 语 ')
```

四、元组的修改

前面提到，元组是不可变序列，元组中的元素不能被修改，所以只能将元组变量引用到一个新创建的元组对象中。

例如，对元组重新进行赋值。

```
tup=(1,2,3,4)
print(tup)
tup=('Python',' 解释型编程语言 ')   # 对元组重新进行赋值
print(tup)
```

程序运行结果如下。

```
(1,2,3,4)
('Python',' 解释型编程语言 ')
```

另外，还可以通过元组拼接（使用加号“+”拼接元组）的方式生成一个拼接过后

的元组。例如以下程序。

```
tup1=(1,2,3,4)
tup2=('Python','解释型编程语言')
tup3=tup1+tup2
print(tup1)
print(tup2)
print(tup3)
```

程序运行结果如下。

```
(1,2,3,4)
('Python','解释型编程语言')
(1,2,3,4,'Python','解释型编程语言')
```

可以看到，当使用加号对两个元组进行拼接时，虽然产生了一个包含合并内容的新元组 tup3，但是原始的 tup1 和 tup2 的内容并没有发生改变。这意味着，元组的不可变性在拼接操作中也得到了体现，因为拼接操作实际上是创建了一个全新的元组对象，而不是直接修改原有的元组。

任务实施

本任务要求创建 tup1=(1,2,3,4,5) 和 tup2=('a','b','c','d','e') 两个元组；使用索引及切片方式分别访问两个元组中的第 2 ~ 4 个元素，并将其输出到终端；将 tup1 的数据全部替换成 tup2 的数据，并将 tup2 删除，将结果输出到终端。

本任务编程思路：创建元组，使用 print 函数将元组的相关信息以及基本操作结果输出到终端。

程序流程如图 4–3–1 所示。

程序示例如下。

```
tup1=(1,2,3,4,5)
list1=['a','b','c','d','e']
tup2=tuple(list1)
print(tup1)
print(tup2)
print(tup1[1],tup1[2],tup1[3])
print(tup2[1:4:1])
tup1=tup2
del tup2
```

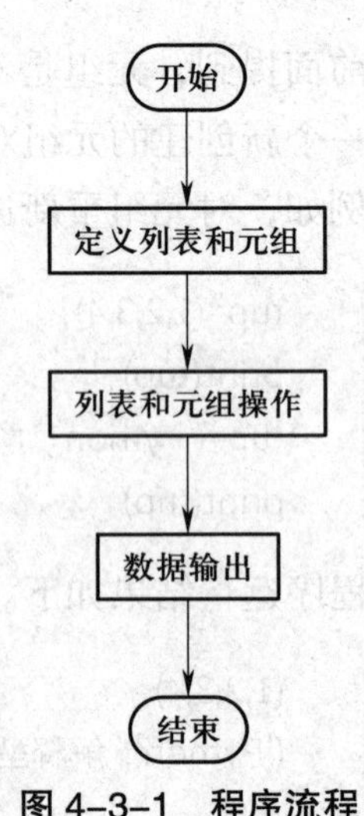

图 4–3–1　程序流程

```
print(tup1)
print(tup2)
```

程序运行结果如下。

```
(1,2,3,4,5)
('a','b','c','d','e')
2 3 4
('b','c','d')
('a','b','c','d','e')
Traceback(most recent call last):
  File "d:\VS Code\code\4-3.py",line 11,in <module>
    print(tup2)
NameError:name 'tup2' is not defined
```

结果汇报

根据对本任务的认识，总结元组、序列与列表在概念和使用上的区别。

思考练习

1. 如何对元组内的部分元素进行修改？

2. 对元组内部分元素的修改操作和其他类型数据内元素的修改操作性质是否相同？如有不同，说明不同之处。

3. 对元组内部分元素进行修改的方式与元组的不可变对象性质是否矛盾？为什么？

任务 4 字典的使用

任务目标

1. 掌握字典的创建、删除与访问方法。
2. 掌握对字典键值对的操作方法。
3. 能创建字典，并进行键值对的添加、修改和删除等操作。

相关知识

字典是一种可变容器模型，可存储任意类型的对象。因为字典是无序的，所以不支持索引和切片。

字典类型是 Python 中唯一的映射类型。“映射”是数学中的术语，指元素之间相互对应的关系，即通过一个元素可以唯一找到另一个元素。字典映射示意图如图 4–4–1 所示。

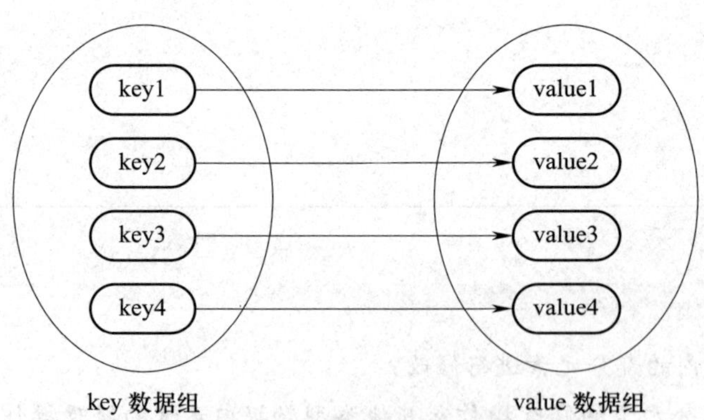

图 4–4–1　字典映射示意图

在字典中，习惯将各元素对应的索引称为键（key），各个键对应的元素称为值（value），键及其关联的值称为“键值对”。

字典类型类似电话簿，如可通过电话簿中的姓名找到对应的电话号码。字典类型中的键就好比电话簿中的姓名，而这些键所对应的值则相当于对应的电话号码。通过字典的键，能够迅速地检索和获取对应的值，实现了高效的数据存储和检索。

字典类型所具有的主要特征见表 4–4–1。

表 4–4–1　字典类型所具有的主要特征

主要特征	说　明
通过键而不是通过索引来读取元素	字典类型有时也称关联数组或者散列表。它通过键将一系列的值联系起来，这样就可以通过键从字典中获取指定项，但不能通过索引来获取
字典是任意数据类型的无序集合	在列表、元组中，通常将索引值 0 对应的元素称为第一个元素，而字典中的元素是无序的
字典是可变的，并且可以任意嵌套	字典可以在原处增长或者缩短（无须生成一个副本），并且它支持任意深度的嵌套，即字典存储的值也可以是列表或者其他的字典
字典中的键必须唯一	字典中不支持同一个键出现多次，否则只会保留最后一个键值对
字典中的键必须不可变	字典中每个键值对的键是不可变的，只能使用数字、字符串或者元组，不能使用列表

一、字典的创建

1. 使用大括号“{}”创建字典

由于字典中每个元素都包含两部分，分别是键（key）和值（value），因此，在创建字典时，键和值之间使用冒号分隔，相邻元素之间使用逗号分隔，所有元素放在大括号中。

使用大括号“{}”创建字典的语法格式如下。

```
dictname={'key1':'value1','key2':'value2',…,'keyn':'valuen'}
```

其中，dictname 表示字典变量名，key1:value1~keyn:valuen 表示各个元素的键值对。使用 type 函数可以查看字典的数据类型名称，具体如下。

```
a={'Python 版本 ':'3.9.2'}
print(type(a))
```

程序运行结果如下。

```
<class 'dict'>
```

使用大括号“{}”创建字典的示例如下。

```
mark={'a':100,'b':200,'c':300}
print(mark)
```

程序运行结果如下。

```
{'a':100,'b':200,'c':300}
```

2. 使用 fromkeys 方法创建字典

在 Python 中，可以使用字典类型提供的 fromkeys 方法创建带有默认值的字典，具体格式如下。

```
dictname=dict.fromkeys(list,value=None)
```

其中，list 表示字典中所有键的列表；value 表示默认值，如果不写，则为空值 None。

使用 fromkeys 方法创建字典的示例如下。

```
list=['a','b','c']
dict1=dict.fromkeys(list,100)
print(dict1)
```

程序运行结果如下。

```
{'a':100,'b':100,'c':100}
```

可以看到，list 列表中的元素全部作为了字典 dict1 的键，而各个键对应的值都是 100。这种创建方式通常用于初始化字典，设置 value 的默认值。

3. 使用 dict 函数创建字典

通过 dict 函数创建字典的方法有多种，表 4–4–2 列出了常用的几种方法，它们创建的都是同一个字典 a。

表 4–4–2　通过 dict 函数创建字典的方法

创建格式	注意事项
a=dict(str1=value1,str2=value2,str3=value3)	str 表示字符串类型的键，value 表示键对应的值。使用此方法创建字典时，字符串不能带引号

demo=[('two',2),('one',1),('three',3)] # 格式 1
demo=[['two',2],['one',1],['three',3]] # 格式 2
demo=(('two',2),('one',1),('three',3)) # 格式 3
demo=(['two',2],['one',1],['three',3]) # 格式 4
a=dict(demo)
	向 dict 函数传入列表或元组，而它们中的元素又各自是包含 2 个元素的列表或元组，其中第一个元素作为键，第二个元素作为值

keys=['one','two','three'] # 还可以是字符串或元组
values=[1,2,3] # 还可以是字符串或元组
a=dict(zip(keys,values))
	通过应用 dict 函数和 zip 函数，可以将前两个列表转换为对应的字典

如果不为 dict 函数传入任何参数，则代表创建一个空的字典。

二、字典的删除

和列表、元组一样，字典的删除也是使用 del 关键字。字典的删除示例如下。

```
mark={'a':100,'b':200,'c':300}
print(mark)
del mark
print(mark)
```

程序运行结果如下。

```
{'a':100,'b':200,'c':300}
Traceback(most recent call last):
  File "d:\VS Code\code\4-4.py",line 4,in <module>
    print(mark)
NameError:name 'mark' is not defined
```

三、字典的访问

列表和元组可以通过索引来访问元素，而字典不同，它通过键来访问对应的值。因为字典中的元素是无序的，每个元素的位置都不固定，所以字典不能像列表和元组那样，采用切片的方式一次性访问多个元素。

字典访问元素的具体格式如下。

```
dictname[key]
```

其中，dictname 表示字典变量名，key 表示键名。注意：键必须是存在的，否则会报错。

例如以下程序。

```
mark={'a':100,'b':200,'c':300}
print(mark['a'])   # 键存在
print(mark['x'])   # 键不存在
```

程序运行结果如下。

```
100
Traceback(most recent call last):
  File "d:\VS Code\code\4-4.py",line 3,in <module>
    print(mark['x'])
```

```
KeyError:'x'
```

除了上面这种方式，更推荐使用 dict 类型提供的 get 方法来获取指定键对应的值。当指定的键不存在时，get 方法不会抛出异常。

get 方法的语法格式如下。

```
dictname.get(key,default=None)
```

其中，dictname 表示字典变量的名称；key 表示指定的键；default 用于指定要查询的键不存在时此方法返回的默认值，如果不手动指定，则返回 None。

注意：当键不存在时，get 方法返回空值 None，如果想明确地提示用户该键不存在，可以手动设置 get 方法的第二个参数。

四、字典键值对的添加

为字典添加新的键值对很简单，直接给不存在的 key 赋值即可，具体语法格式如下。

```
dictname[key]=value
```

其中，dictname 表示字典变量名；key 表示新的键；value 表示新的值，只要是 Python 支持的数据类型都可以。

下面的代码演示了在现有字典上添加新元素的过程。

```
mark={'a':100,'b':200,'c':300}
mark['d']=400
print(mark)
```

程序运行结果如下。

```
{'a':100,'b':200,'c':300,'d':400}
```

五、字典键值对的修改

Python 字典中键的名称不能被修改，只能修改值。

字典中各元素的键必须是唯一的，因此，如果新添加元素的键与已存在元素的键相同，那么已存在元素的键所对应的值就会被新的值替换掉，以此达到修改元素值的目的。

字典修改键值对的程序示例如下。

```
mark={'a':100,'b':200,'c':300}
mark['a']=-400
print(mark)
```

程序运行结果如下。

```
{'a':-400,'b':200,'c':300}
```

六、字典键值对的删除

如果要删除字典中的键值对，依然可以使用 del 关键字。
使用 del 关键字删除键值对的程序示例如下。

```
mark={'a':100,'b':200,'c':300}
del mark['a']
print(mark)
```

程序运行结果如下。

```
{'b':200,'c':300}
```

七、字典是否存在指定键值对的判断

如果要判断字典中是否存在指定键值对，首先应判断字典中是否有对应的键。判断字典中是否存在指定键值对的键，可以使用 in 或 not in 运算符。例如以下程序。

```
mark={'a':100,'b':200,'c':300}
print('a' in mark)
```

程序运行结果如下。

```
True
```

任务实施

本任务要求使用大括号“{ }”创建一个字典类型的变量：dict1={'a':'Python','b':'Java','c':'C','d':'C++'}；在字典末尾添加新键值对：'e':'C#'，添加完成后将新字典输出到终端；将 'b' 对应的值修改为 PHP，使用索引访问该键值对并查询是否修改正确；将字典删除，并将删除后的字典输出到终端。

本任务编程思路：创建字典，使用 print 函数将字典的相关信息以及基本操作结果输出到终端。

程序流程如图 4–4–2 所示。

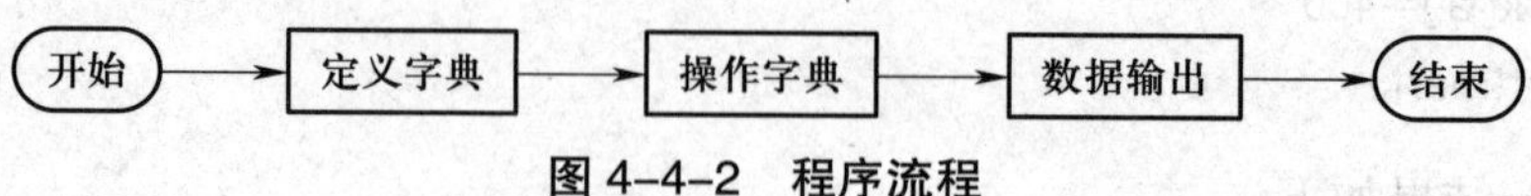

图 4–4–2　程序流程

程序示例如下。

```
dict1={'a':'Python','b':'Java','c':'C','d':'C++'}
print(dict1)
dict1['e']='C#'
print(dict1)
dict1['b']='PHP'
print(dict1['b'])
del dict1
print(dict1)
```

程序运行结果如下。

```
{'a':'Python','b':'Java','c':'C','d':'C++'}
{'a':'Python','b':'Java','c':'C','d':'C++','e':'C#'}
PHP
Traceback(most recent call last):
  File "d:\VS Code\code\4-4.py",line 8,in <module>
    print(dict1)
NameError:name 'dict1' is not defined
```

结果汇报

结合已学知识，尝试将任务实施中新建的字典的键值对修改为其他类型的数据（本任务为字符串类型），进行相同的操作，并记录终端输出结果。

思考练习

1. 当要创建的字典类型中的不同键对应的值都不相同时，使用哪一种创建方法效率更高？为什么？

2. 如何快速地在字典的非末尾位置插入一个新的键值对？

3. 如何实现一次访问多个字典内的元素？

任务 5 集合的使用

任务目标

1. 掌握集合的创建与删除操作。
2. 掌握对集合内元素的操作方法。
3. 掌握集合的交集、并集、差集及对称差集运算方法。
4. 能进行集合创建、删除与添加元素、交集和并集运算等操作。

相关知识

Python 中的集合和数学中的集合概念一样，都是用来保存不重复的元素，即集合中的元素都是唯一的，互不相同。

集合中的所有元素都放在一对大括号“{}”中，相邻元素之间用逗号分隔。集合的语法格式如下。

```
{element1,element2,…,elementn}
```

其中，element 表示集合中的元素，其个数没有限制。同一集合中，只能存储不可变的数据类型，包括整数型、浮点型、字符串型、元组，无法存储列表、字典、集合这些可变的数据类型，否则 Python 解释器会报 TypeError 错误。

注意：数据必须是唯一的，因为集合对于每种数据元素只保留一份。另外，由于 Python 中的集合是无序的，所以每次输出元素的排列顺序可能都不相同。例如以下程序。

```
a={1,2,1,(1,2,3),'a','a'}
print(a)
```

程序运行结果如下。

```
{'a',1,2,(1, 2, 3)}
```

使用 type 函数可以查看集合的数据类型名称。

```
a={1,2,1,(1,2,3),'a','a'}
print(type(a))
```

程序运行结果如下。

```
<class 'set'>
```

一、集合的创建

Python 提供了两种创建集合的方法，分别是使用大括号“{ }”创建集合和使用 set 函数将列表、元组等类型的数据转换为集合。

1. 使用大括号“{}”创建集合

在 Python 中，创建集合可以像列表、元组和字典一样，直接将集合赋给变量，从而达到创建集合的目的，其语法格式如下。

```
setname={element1,element2,…,elementn}
```

其中，setname 表示集合的名称，命名时既要符合 Python 的命名规范，又要避免与 Python 内置函数重名。

例如以下程序。

```
set1={1,'a',1,(1,2,3)}
print(set1)
```

程序运行结果如下。

```
{1,(1,2,3),'a'}
```

2. 使用 set 函数创建集合

set 函数为 Python 的内置函数，其作用是将字符串、列表、元组、range 对象等可迭代对象转换成集合。该函数的语法格式如下。

```
setname=set(iteration)
```

其中，iteration 表示字符串、列表、元组、range 对象等数据。

例如以下程序。

```
set1=set("HelloWorld! ")
print(set1)
```

程序运行结果如下。

```
{'e', 'H', 'W', 'd', 'r', 'o', 'l', '!'}
```

注意：如果要创建空集合，只能使用 set 函数实现。因为直接使用一对大括号“{ }”，Python 解释器会将其视为一个空字典。

二、集合的删除

和其他序列类型一样，删除函数集合类型，也可以使用 del 关键字，例如以下程序。

```
set1=set("HelloWorld!")
print(set1)
del set1
print(set1)
```

程序运行结果如下。

```
{'d', 'o', 'l', 'r', 'H', '!', 'W', 'e'}
Traceback(most recent call last):
  File "d:\VS Code\code\4-5.py",line 4,in <module>
    print(set1)
NameError:name 'set1' is not defined
```

三、向集合添加元素

向集合添加元素，可以使用 set 类型提供的 add 方法实现，该方法的语法格式如下。

```
setname.add(element)
```

其中，setname 表示要添加元素的集合，element 表示要添加的元素。

注意：使用 add 方法添加的元素，只能是数字、字符串、元组或者布尔类型值（True 和 False），不能添加列表、字典、集合这类可变的数据，否则 Python 解释器会报 TypeError 错误。例如以下程序。

```
set1={'a','b','c'}
set1.add(1)   # 添加了数字类型的元素 1
print(set1)
```

```
set1.add([1,2])  # 添加了列表类型的元素
print(set1)
```

程序运行结果如下。

```
{'b','c','a',1}
Traceback(most recent call last):
  File "d:\VS Code\code\4-5.py",line 4,in <module>
    set1.add([1,2])
TypeError:unhashable type:'list'
```

四、从集合删除元素

删除现有集合中的指定元素，可以使用 remove 方法，该方法的语法格式如下。

```
setname.remove(element)
```

注意：如果被删除元素本就不包含在集合中，则此方法会报 KeyError 错误。例如以下程序。

```
set1={'a',1,'b','c'}
set1.remove(1)
print(set1)
set1.remove(1)
print(set1)
```

程序运行结果如下。

```
{'b','a','c'}
Traceback(most recent call last):
  File "d:\VS Code\code\4-5.py",line 4,in <module>
    set1.remove(1)
KeyError:1
```

上面的程序中，由于集合中的元素 1 已被删除，因此，当再次尝试使用 remove 方法删除时，会报 KeyError 错误。

如果不想在删除失败时令解释器提示 KeyError 错误，还可以使用 discard 方法，此方法和 remove 方法的用法完全相同，唯一的区别就是，当删除集合中的元素失败时，此方法不会报任何错误。

```
set1={'a',1,'b','c'}
set1.discard(1)
```

```
print(set1)
set1.discard(1)
print(set1)
```

程序运行结果如下。

```
{'c','b','a'}
{'c','b','a'}
```

五、集合的交集、并集、差集及对称差集运算

集合最常做的操作就是进行交集、并集、差集以及对称差集运算。

先假设有两个集合，分别为 set1={1,2,3} 和 set2={3,4,5}，它们既有相同的元素，又有不同的元素。以这两个集合为例，分别做不同运算的结果见表 4-5-1。

表 4-5-1 集合的不同运算

运算操作	Python 运算符	含义	示例	结果
交集	&	取两集合公共的元素	set1&set2	{3}
并集	|	取两集合全部的元素	set1|set2	{1,2,3,4,5}
差集	-	取一个集合中另一集合没有的元素	set1-set2 set2-set1	{1,2} {4,5}
对称差集	^	取集合 set1 和 set2 中不属于 set1&set2 的元素	set1^set2	{1,2,4,5}

任务实施

本任务要求使用两种方法创建 set1={1,2,3,4,5} 和 set2={2,3,4,5,'a'} 两个集合并输出到终端；将 set2 中的字母删除，并加上数字 6，把过程中产生的新的 set2 都输出到终端；计算 set1 和 set2 的交集和并集，输出到终端。

本任务编程思路：创建集合，使用 print 函数将集合的相关信息和操作结果输出到终端。

程序流程如图 4-5-1 所示。

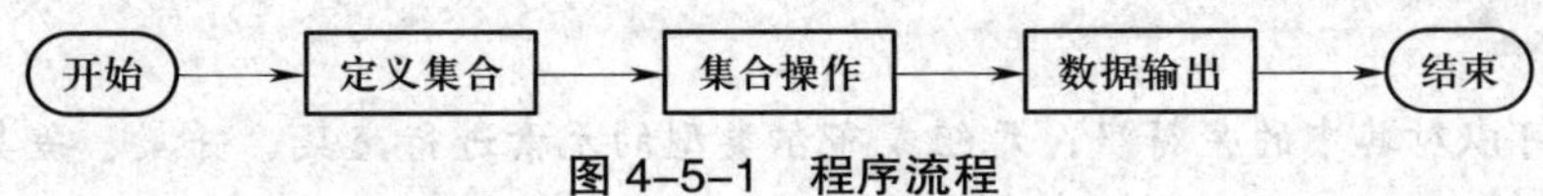

图 4-5-1 程序流程

程序示例如下。

```
set1={1,2,3,4,5}
```

```
list1=[2,3,4,5,'a']
set2=set(list1)
print(set1)
print(set2)
set2.remove('a')
print(set2)
set2.add(6)
print(set2)
print(set1&set2)
print(set1|set2)
```

程序运行结果如下。

```
{1,2,3,4,5}
{2,3,4,5,'a'}
{2,3,4,5}
{2,3,4,5,6}
{2,3,4,5}
{1,2,3,4,5,6}
```

结果汇报

在完成本任务的基础上，把两个集合的差集与对称差集计算出来，并做好记录。

思考练习

1. 集合可以对其中的字符串、元组或布尔类型的元素进行交集、并集、差集运算吗？
2. 与其他可变对象相比，集合本身具有什么特点？
3. 同样是可变无序对象，集合和字典最大的差异是什么？

项目五

Python 流程控制

计算机程序一般按照顺序结构、选择结构和循环结构三种流程结构的其中一种或多种来运行，Python 也不例外。因此，在进行项目代码的编写之前，需要对三种流程结构进行系统学习。由于顺序结构原理与代码形式简单，故此项目不做赘述。本项目将详细介绍对应选择结构的 if...else 语句以及对应循环结构的 while 语句和 for 语句的概念与使用方法，并简要介绍部分常用的 Python 内置函数。

项目任务

- ✧ 任务 1　使用 if...else 语句实现模拟用户登录
- ✧ 任务 2　使用 while 循环语句实现数值的累加
- ✧ 任务 3　使用 for 循环语句实现列表的生成

建议学时

8 学时

任务 1 使用 if...else 语句实现模拟用户登录

任务目标

1. 熟悉 if...else 语句的结构与执行流程。
2. 了解 pass 语句、assert 语句、break 语句及 continue 语句的作用。
3. 能使用 if...else 语句实现模拟用户登录。

相关知识

一、if...else 语句

在 Python 中，通常使用 if、elif 和 else 条件语句实现选择（分支）结构的基本功能。

1. 单分支结构

if 语句单分支结构的语法格式如下。

```
if( 条件表达式 ):
    语句 / 语句块
```

其中，条件表达式可以是关系表达式、逻辑表达式、算术表达式等，语句 / 语句块可以是单个语句，也可以是多个语句。多个语句的缩进必须一致。

当条件表达式的值为真（True）时，执行 if 后面的语句块，否则不做任何操作且控制将转到 if 语句的结束点。

条件表达式最后被评价为布尔值 True（真）或 False（假）。如果表达式的结果为数字类型、空字符串、空元组、空列表、空字典，其布尔值为 False（假），否则其布尔值为 True（真）。例如，123、"abc"、（1,2）均为 True。

2. 双分支结构

if 语句双分支结构的语法格式如下。

```
if( 条件表达式 ):
    语句 / 语句块 1
else:
    语句 / 语句块 2
```

当条件表达式的值为真时，执行 if 后面的语句 / 语句块 1，否则执行 else 后面的语句 / 语句块 2。

3. 多分支结构

if 语句多分支结构的语法格式如下。

```
if( 条件表达式 1):
    语句 / 语句块 1
elif( 条件表达式 2):
    语句 / 语句块 2
...
elif( 条件表达式 n):
    语句 / 语句块 n
else:
    语句 / 语句块 n+1
```

该语句的作用是根据不同条件表达式的值确定执行哪个语句 / 语句块。

注意：

（1）if、elif 和 else 后面的代码块一定要缩进，而且缩进量一定要大于 if、elif 和 else 本身，从编程习惯的角度，建议缩进 4 个空格。

（2）一个代码块的所有语句都要缩进，而且缩进量必须相同。如果某个语句忘记缩进了或者缩进量不同，Python 解释器并不一定会报错，但是程序的运行逻辑往往会有问题。

（3）不需要使用代码块的地方一定不要缩进，一旦缩进就会产生一个代码块。

二、pass 语句及其作用

在实际开发中，有时需要先搭建程序的整体逻辑结构，暂时不去实现某些细节，通常在这些地方加一些注释，方便以后再添加代码，例如以下程序。

```
mark=int(input(" 请输入您的分数："))
if mark<60:
    print(" 不及格 ")
elif mark>=60 and mark<70:
    print(" 及格 ")
elif mark>=70 and mark<90:
```

```
        # 后续细分
    else:
        print(" 优秀 ")
```

当分数大于或等于 70 且小于 90 时，没有使用 print 语句，而是使用了一个注释，希望以后再处理分数大于或等于 70 且小于 90 的情况。当 Python 处理到该 elif 分支时，会跳过注释，什么都不执行。

Python 提供了一种更加专业的做法，就是空语句 pass。pass 是 Python 中的关键字，用来让解释器跳过此处，什么都不做。

就像上面的情况，有时候程序需要占用一个位置，或者放一条语句，但又不希望这条语句做任何事情，此时就可以通过 pass 语句来实现。使用 pass 语句比使用注释更加符合 Python 编程规范。

使用 pass 语句更改上面的程序，更改后的程序如下。

```
mark=int(input(" 请输入您的分数："))
if mark<60:
    print(" 不及格 ")
elif mark>=60 and mark<70:
    print(" 及格 ")
elif mark>=70 and mark<90:
    pass
else:
    print(" 优秀 ")
```

程序运行后，在终端输入 80 并按“Enter”键。

```
请输入您的分数：80
```

可以看到，程序虽然执行到分数段在 70 到 90 之间的 elif 语句，但是并没有进行任何操作。

三、assert 语句及其作用

Python 中的 assert 语句又称断言语句，可以看作功能缩小版的 if 语句，用于判断某个表达式的值，如果值为真，则程序可以继续往下执行；反之，Python 解释器会报 AssertionError 错误。

assert 语句的语法格式如下。

```
assert 表达式
```

assert 语句通常用在程序排错的情景下，当取值不满足特定条件时，直接让程序崩溃，从而发现错误与漏洞。

此外，assert 语句通常用于检查用户的输入是否符合规定，还经常用作程序初期测试和调试过程中的辅助工具。其使用示例如下。

```
mark=int(input())
assert 0<=mark<=100
print(" 输入的分数为：",mark)
```

运行程序后，在终端输入相应的数字并按“Enter”键。当输入的数字满足 assert 表达式的条件（即输入数字在 0 到 100 之间）时，程序输出结果如下。

```
50
输入的分数为：50
```

当输入的数字不满足要求时，程序输出结果如下。

```
Traceback(most recent call last):
  File "d:\VS Code\code\5-1.py",line 2,in <module>
    assert 0<=mark<=100
AssertionError
```

Python 解释器报 AssertionError 错误，程序不再继续运行。

四、break 语句及其作用

前面讲过，在执行 while 循环或者 for 循环时，只要循环条件满足，程序将一直重复执行循环体。循环体是程序中的一个代码块，它会被重复执行，直到循环条件不再满足。在循环结构中，循环体是由一组语句组成的，这些语句会按照顺序执行，然后根据循环条件的真假决定是否再次执行循环体。循环体是循环的核心部分，通过循环体的执行，可以实现对同一段代码的多次重复利用，从而简化程序的编写和维护。但在某些场景中，可能希望在循环结束前就强制结束循环，Python 提供了两种强制离开当前循环体的方法，具体如下。

- 使用 continue 语句，可以跳过执行本次循环体中剩余的代码，转而执行下一次的循环。
- 使用 break 语句，终止当前循环。

这里先讲解 break 语句的用法。

break 语句可以立即终止当前循环的执行，跳出当前所在的循环结构。无论是 while 循环还是 for 循环，只要执行 break 语句，就会直接离开当前正在执行的循环体。

break 语句通常搭配 while 语句或 for 语句使用，使用方法非常简单，在相应的 while 语句或 for 语句中加入 break 指令即可，例如以下程序。

```
str1="Python 编程语言 "
for i in str1:
    if i==' 编 ':
        break
    print(i,end="")
```

程序运行结果如下。

```
Python
```

另外，对于嵌套的循环结构来说，break 语句只会终止所在循环体的执行，而不会作用于所有的循环体。例如以下程序。

```
str1="Python 编程语言 "
for i in range(3):
    for j in str1:          # 该 for 会被执行 3 次
        if j==' 编 ':
            break
        print(j,end="")
    print("\n 跳出内循环 ")
```

程序运行结果如下。

```
Python
跳出内循环
Python
跳出内循环
Python
跳出内循环
```

可以看到，执行内循环时，只要循环至 str1 字符串中的“编”字时，就会执行 break 语句，它会立即停止执行当前所在的内层循环体，转而继续执行外层循环体。

五、continue 语句及其作用

和 break 语句相比，continue 语句的跳转范围较小，它只会终止执行本次循环中剩下的代码，直接从下一次循环继续执行。

continue 语句的用法和 break 语句一样，通常搭配 while 语句或 for 语句使用，在 while 或 for 语句中的相应位置加入 continue 指令即可。例如以下程序。

```
str1="Python，是一种解释型语言 "
for i in str1:
    if i==",":
```

```
        print('\n',end='')
        continue
        # 如果 i 是逗号，则忽略本次循环剩下的语句
    print(i,end='')
```

程序运行结果如下。

```
Python
是一种解释型语言
```

从结果可以看出，当遍历 str1 字符串至逗号“,”时，就会进入 if 判断语句，执行 print 语句和 continue 语句，此处的 print 语句起换行的作用，而 continue 语句则起跳过后面的程序，直接从下一次循环开始执行的作用。

任务实施

本任务要求设计一个简易的用户登录系统，提前记录好用户名和密码数据（用户名：Lihua，密码:123；用户名：Liming，密码:456；用户名：Wangmei，密码:789），并实现用户在终端的数据输入；将用户输入的用户名和密码与记录好的用户名和密码进行对比，使用 if...else 语句实现对不同情况的区分（若用户名和密码正确，进入登录系统并在终端输出“欢迎进入系统”信息；若用户名和密码不正确，则在终端输出“用户名和密码错误”信息，并限制错误次数，若错误次数大于 3，则输出“错误次数过多”提示，并退出登录系统）。

提示：

（1）保存用户名、密码：使用字典数据类型，通过键值对将用户名和密码一一对应。

（2）在用户终端输入用户名和密码使用 input 函数。

（3）限制用户名和密码输入错误次数使用 for 循环语句或 while 循环语句。

本任务编程思路：创建字典形式的用户名密码库，使用 for 循环语句限制输入错误次数，使用 if...else 语句判断用户名和密码正误，将情况分成多种并使用 print 函数输出相应的信息。

程序流程如图 5-1-1 所示。

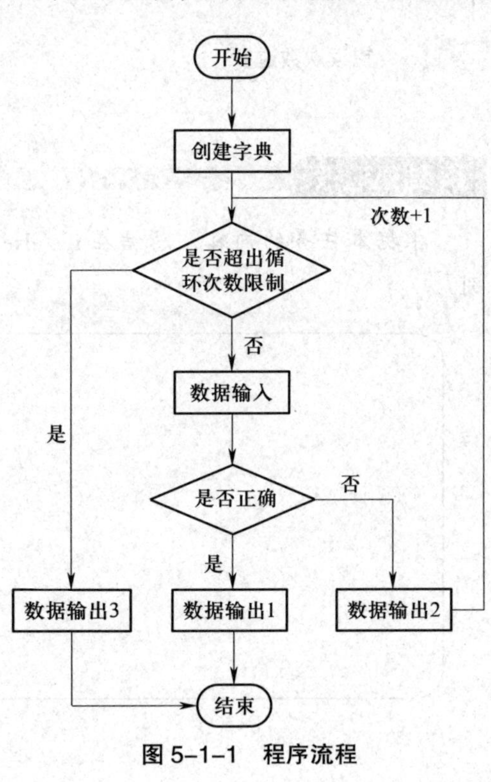

图 5-1-1　程序流程

使用 if...else 语句实现的用户登录系统的代码如下。

```
user_list={"Lihua":"123","Liming":'456',"Wangmei":"789"}
for i in range(3):
    username=input(" 用户名称为：")
    password=input(" 用户密码为：")
    if username in user_list.keys():
        if password==user_list[username]:
            print(" 欢迎进入系统 ")
            break
        else:
            print(" 用户名和密码错误 ")
else:
    print(" 错误次数过多 ")
```

在终端输入的用户名和密码与提前记录好的用户名和密码一一对应时，程序运行结果如下。

```
用户名称为：Lihua
用户密码为：123
欢迎进入系统
```

当输入的用户名和密码都不正确且连续输入错误次数大于 3 次时，程序运行结果如下。

```
错误次数过多
```

结果汇报

根据本任务的内容，总结在 if...else 语句中，pass、assert、break 和 continue 之间的区别。

思考练习

1. 尝试使用 while 语句替换任务实施中的 for 语句并实现相同的功能。
2. 编写程序实现输入 x、y，判断其属于第几象限。
3. 编写程序实现猜数字游戏，玩家只有 5 次机会猜 0 ~ 10 以内的随机数字。

任务 2　使用 while 循环语句实现数值的累加

任务目标

1. 熟悉 while 循环语句的结构与执行流程。
2. 能使用 while 循环语句实现数值的累加。

相关知识

Python 中的 while 循环语句（以下简称 while 语句）和 if 条件分支语句类似，即在条件（表达式）为真的情况下，会执行相应的代码块。不同之处在于，只要条件为真，while 语句就会一直重复执行相应的代码块。

while 语句的语法格式如下。

```
while 条件表达式:
    代码块
```

while 语句执行的具体流程：首先判断条件表达式的值，其值为真（True）时，执行代码块中的语句，执行完毕，再次判断条件表达式的值是否为真，若仍为真，则重新执行代码块……如此循环，直到条件表达式的值为假（False），结束循环。

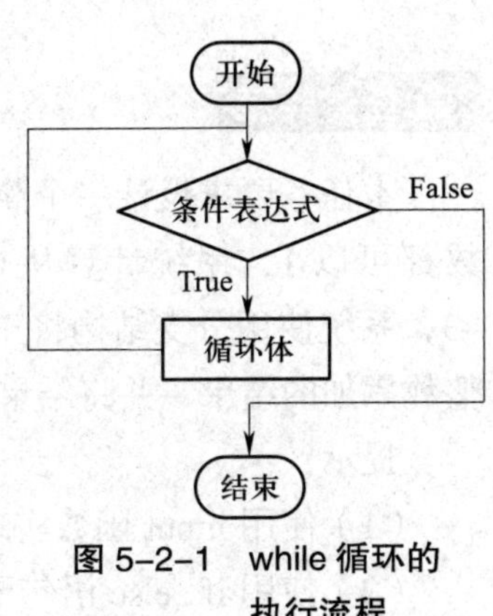

图 5-2-1　while 循环的执行流程

while 循环的执行流程如图 5-2-1 所示。

例如，可以使用 while 语句输出数字 1 ~ 5。

```
num=1
while num<=5:
    print("num=",num)
```

```
    num+=1
print(" 循环结束 ")
```

程序运行结果如下。

```
num=1
num=2
num=3
num=4
num=5
循环结束
```

注意：在使用 while 循环时，务必确保循环条件最终为假，否则就会陷入无限循环，程序将永远无法跳出循环结构。例如，在上述的 while 循环示例中，如果将 num+=1 这行代码移除，运行程序时 Python 解释器就会不断输出 num=1，并且永远不会结束循环（因为 num<=5 一直为 True），除非强制关闭解释器。

此外，需要再次强调，Python 对于代码缩进要求非常严格，所有位于 while 循环体内的代码必须采用相同的缩进格式（通常为 4 个空格），否则 Python 解释器会报出 SyntaxError 错误（语法错误）。

除上面的用法之外，while 循环还常用来遍历列表、元组和字符串等可迭代对象，因为它们都支持通过索引获取指定位置的元素。例如以下程序。

```
str1="Python 编程语言 "
i=0
while i<len(str1):
    print(str1[i],end="")
    i=i+1
```

程序运行结果如下。

```
Python 编程语言
```

任务实施

本任务要求设计一个简易的数值累加系统，用户输入想要进行累加的整数（正、负数都可以），系统计算从 0 累加至输入整数的值，例如输入 –3，就累加 0、–1、–2、–3，系统使用分支结构将正、负数两种情况分开进行处理，使用 while 语句计算出输入整数累加的结果，并将结果输出到终端。

提示：

（1）使用 input 函数实现用户数据的输入。

（2）使用 if...else 语句形成分支结构，将正、负数两种情况分开处理。

（3）可能会使用到的运算符：!=、+=、-=。

本任务编程思路：定义一个整数型变量 sum_all 来装载求和结果。输入整数 num，使用 if...else 语句将正、负数分成两种情况，并将两种情况分别用 while 循环进行下面的计算：sum_all 每进入一次 while 循环就与 num 相加一次，而 num 每进入一次 while 循环就加 1 或减 1（当 num 为正数时，进行减 1 处理；当 num 为负数时，进行加 1 处理），直到 num 变为 0，跳出 while 循环，使用 print 函数输出计算结果 sum_all。

程序流程如图 5-2-2 所示。

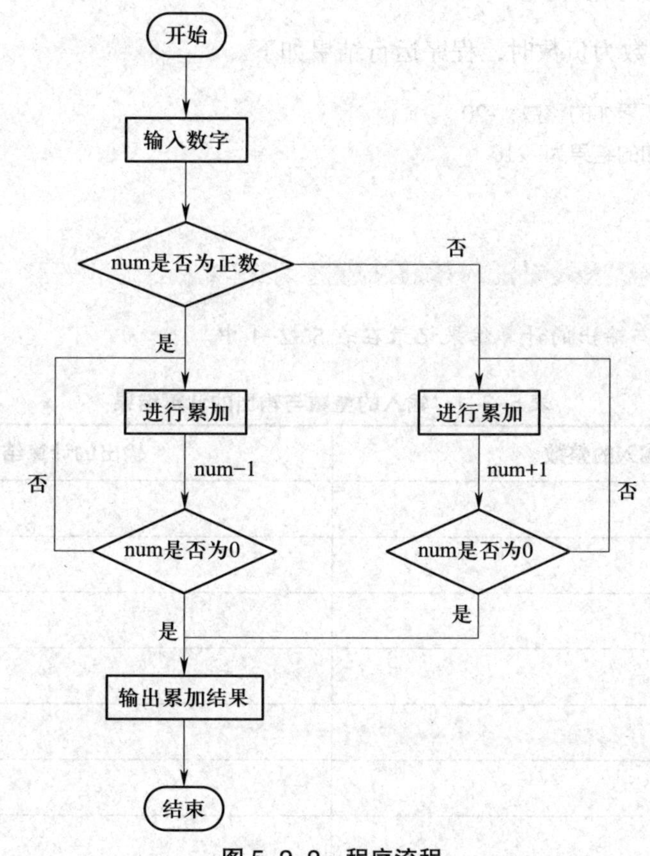

图 5-2-2 程序流程

使用 while 语句实现的数值累加系统的代码如下。

```
num=int(input(" 请输入需要累加的整数："))# 获取用户的输入，并将其转换为整数型
sum_all=0
if num>=0:
    while num!=0:          # 直到 num 等于 0 才退出循环
        sum_all+=num
        num-=1
```

```
        print(" 该数字累加的结果为 ",sum_all)
else:
    while num!=0:
        sum_all+=num
        num+=1
    print(" 该数字累加的结果为 ",sum_all)
```

当要计算的整数为正数时，程序运行结果如下。

```
请输入需要累加的整数：10
该数字累加的结果为 55
```

当要计算的整数为负数时，程序运行结果如下。

```
请输入需要累加的整数：-20
该数字累加的结果为 -210
```

结果汇报

将输入的整数与输出的计算结果记录在表 5-2-1 中。

表 5-2-1　输入的整数与输出的计算结果

输入的整数	输出的计算结果

思考练习

1. 尝试使用 while 语句实现输入整数的阶乘运算。
2. 编写程序实现在终端输出 9*9 乘法表。
3. 设计一个系统，输入两个整数，计算最大公约数和最小公倍数。

使用 for 循环语句实现列表的生成

任务目标

1. 熟悉 for 循环语句的结构与执行流程。
2. 掌握列表生成式和列表生成器的概念与使用方法。
3. 能使用 for 循环语句生成列表。

相关知识

一、for 循环语句

for 循环语句（以下简称 for 语句）用于遍历可迭代对象中的元素，并对对象中的每个元素执行一次相关的嵌入语句。当集合中的所有元素完成迭代后，控制传递给 for 循环之后的下一个语句。for 语句的语法格式如下。

```
for 迭代变量 in 字符串 | 列表 | 元组 | 字典 | 集合 :
    代码块
```

其中，迭代变量用于存放从序列类型中读取出来的元素，一般不会在循环中对迭代变量手动赋值；代码块是指具有相同缩进格式的多行代码。

for 循环的执行流程如图 5-3-1 所示。

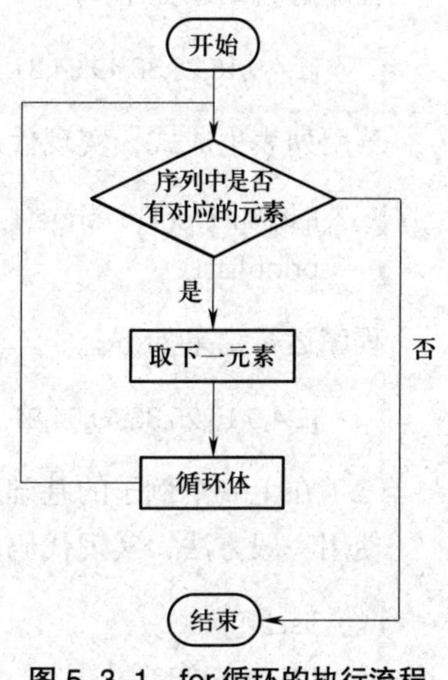

图 5-3-1　for 循环的执行流程

for 语句用来遍历字符串、列表、元组、字典、集合等可迭代对象，逐个获取其中的元素。例如以下程序。

```
str1="Python 编程语言 "
for i in str1:
    print(i,end="")
```

程序运行结果如下。

```
Python 编程语言
```

二、列表生成式

列表生成式是 Python 内置的一种强大的生成列表的表达式。

列表生成式的语法格式如下。

```
listname=[f(var) for var in iterable if condition]
```

各参数的具体含义如下。

- listname：创建的列表的名称。
- f(var)：列表内元素的表达式，通常是对原序列中的元素进行某些操作的表达式。
- var：原序列中的元素。
- iterable：原来的序列。
- if condition：条件语句，不需要时可以忽略。

列表生成式结构较复杂，下面使用两个例子来帮助理解。

（1）生成一个列表，列表元素分别为 1*1，2*2，3*3，…，$n*n$，假设 n=10。

使用一般方法，实现代码如下。

```
list1=[ ]
for i in range(1,11):
    list1.append(i*i)
print(list1)
```

程序运行结果如下。

```
[1,4,9,16,25,36,49,64,81,100]
```

若用列表生成式，实现代码如下。

```
list1=[i*i for i in range(1,11)]
print(list1)
```

程序运行结果如下。

```
[1,4,9,16,25,36,49,64,81,100]
```

（2）在上一个例子的基础上，要求返回的序列中不存在偶数项。

使用一般方法，实现代码如下。

```
list1=[]
for i in range(1,11):
```

```
        if i%2!=0:
            list1.append(i*i)
    print(list1)
```

程序运行结果如下。

```
[1,9,25,49,81]
```

若用列表生成式，实现代码如下。

```
list1=[i*i for i in range(1,11) if i%2!=0]
print(list1)
```

程序运行结果如下。

```
[1,9,25,49,81]
```

从上面两个例子可以看出，在生成带有特定要求的列表时，使用列表生成式的代码会比普通方法的代码更加简洁、美观，编程效率也会更高。

三、列表生成器

当生成的列表元素特别多时，空间浪费会很大，产生大量的元素占用空间。这种情况下，可以使用列表生成器生成列表。

使用列表生成器时，列表元素不需要一下子全部生成，而是按照某种算法逐步推算出来，通过在程序循环的过程中不断地推算出后续的元素，就不必创建完整的列表。在 Python 中这种一边循环一边计算的机制，称为生成器（也称惰性运算）。

列表生成器的语法格式如下。

```
listname=（f(var) for var in iterable if condition）
```

各部分的含义如下。

- listname：创建的列表的名称。
- f(var)：列表内元素的表达式，通常是对原序列中的元素进行某些操作的表达式。
- var：原序列中的元素。
- iterable：原来的序列。
- if condition：条件语句，不需要时可以忽略。

例如以下程序。

```
# 这是一个普通的列表
a=[x for x in range(10)]
print(type(a))
print(a)
```

程序运行结果如下。

```
<class 'list'>
[0,1,2,3,4,5,6,7,8,9]
```

使用列表生成器，实现代码如下。

```
a=(x for x in range(5))
print(type(a))
print(a)
```

程序运行结果如下。

```
<class 'generator'>
<generator object <genexpr> at 0x00000190A182BEB0>
```

可以看到，a=(x for x in range(5)) 这行代码使用生成器表达式创建了一个生成器对象 a，它会产生从 0 到 4 的整数序列。输出的生成器对象 a 的类型已经变成了 generator（生成器）。print(a) 输出生成器对象 a 本身。由于生成器是一种迭代器，它并不会在一开始就生成所有数据，而是按需逐步生成，因此，这里输出的内容是生成器对象的标识符，即 a 对象在内存中的地址。

使用遍历可以查看 a 的所有值，但是当 a 的所有值遍历一遍后，a 对应的列表就会被销毁。遍历代码如下。

```
a=(x for x in range(5))
for i in a:
    print(i)
```

程序运行结果如下。

```
0
1
2
3
4
```

除了使用遍历查看 a 的值，还可以使用 next 函数查看 a 的值。使用 next 函数查看 a 的值时，每次只能查看一个，从 0 开始，到 4 结束。使用 next 函数的代码示例如下。

```
a=(x for x in range(5))
print(next(a),next(a),next(a),next(a),next(a))
```

程序运行结果如下。

```
0 1 2 3 4
```

任务实施

本任务要求使用列表生成式，创建一个只包含 0 ~ 100 内所有偶数整数的列表，并将列表输出到终端；使用列表生成器，创建一个只包含 1 ~ 100 内所有奇数整数的列表，将该列表的前五个数字输出到终端，并将该列表在内存中的地址输出到终端。

本任务编程思路：使用列表生成式和列表生成器方法生成符合特定要求的列表，并使用 print 函数将生成列表的相关信息输出到终端。

程序流程如图 5-3-2 所示。

开始 → 创建列表 → 输出数据 → 结束

图 5-3-2 程序流程

程序示例如下。

```
# 列表生成式方法
list1=[x for x in range(101) if x%2!=1]
print(list1)
# 列表生成器方法
list2=(x for x in range(101) if x%2!=0)
print(next(list2),next(list2),next(list2),next(list2),next(list2))
print(list2)
```

程序运行结果如下。

```
[0,2,4,6,8,10,12,14,16,18,20,22,24,26,28,30,32,34,36,38,40,42,44,46,48,50,52,54,56,58,60,62,
64,66,68,70,72,74,76,78,80,82,84,86,88,90,92,94,96,98,100]
1 3 5 7 9
<generator object <genexpr> at 0x000001F814CCBEB0>
```

结果汇报

根据本任务的内容，总结 for 循环在 Python 中的不同使用方法。

思考练习

1. 尝试使用列表生成式或列表生成器生成一个阶乘列表。

2. 结合所学知识，使用 for 循环将列表 ["a","a+","c","a+","d","c","d","a+","e","f"] 中所有的 "a+" 替换成 "a"。

3. 结合所学知识，使用 for 循环计算出列表 a=[1,4,5,6,7] 和列表 b=[4,6,2,8,9] 中元素相乘的结果，并生成一个新的列表。

项目六

函数和 lambda 表达式

函数是一段封装好并且可以重复使用的代码，函数使得开发的程序模块化，不需要编写大量重复的代码，常见的 input、print、len 等都是函数。根据需要编写函数，并对函数进行唯一命名，后续便可通过函数名进行调用。函数既能传入数据，并对传入的数据进行处理，又能将数据的处理结果反馈给用户。本项目主要介绍 Python 函数的基本概念和语法，常用参数、变量、高阶函数、lambda 表达式及函数修饰器的使用方法。

项目任务

- ✧ 任务 1　认识 Python 函数
- ✧ 任务 2　应用 Python 内置函数
- ✧ 任务 3　Python 常用参数的使用
- ✧ 任务 4　变量作用域和 global 变量的使用
- ✧ 任务 5　Python 高阶函数和 lambda 表达式的使用
- ✧ 任务 6　Python 函数修饰器的使用

建议学时

8 学时

任务1 认识 Python 函数

任务目标

1. 掌握 Python 函数的定义和调用方法。
2. 掌握 Python 函数值传递和引用传递方法。
3. 了解 Python 函数参数传递机制。
4. 掌握 Python None（空值）的使用方法。
5. 掌握 return 语句的使用方法。

相关知识

一、Python 函数的定义和调用

1. Python 函数的定义

Python 函数的定义，就是创建一个函数，可以理解为创建一个实现某种用途的工具。定义函数需要用 def 关键字实现，具体的语法格式如下。

```
def 函数名 ( 参数列表 ):
    // 实现特定用途的代码
    [return [ 返回值 ]]
```

各参数的含义如下。

- 函数名：必须是一个符合 Python 语法的标识符，不建议使用 a、b、c 这类简单的标识符作为函数名，这不利于在开发中代码块的维护和修改，函数名最好能够体现该函数的功能，例如，当自定义一个用来计算两个值的和的函数时，函数可以命名为 add，这有助于在开发中快速找到实现指定功能的函数进行代码检查。
- 参数列表：设置该函数可以接收多少个参数，各个参数之间用逗号分隔，参数列表也可以为空。

- [return [返回值]]：整体作为函数的可选参数，用于设置该函数的返回值。也就是说，一个函数可以有返回值，也可以没有返回值，是否需要返回值，应根据实际情况而定。

在 Python 中，如果想定义一个没有任何功能的空函数，在函数内部使用 pass 作为占位符，示例如下。

```
def pass_a():
    pass
```

虽然 Python 允许定义空函数，但函数本身没有实际意义。

另外，函数中的 return 语句可以直接返回一个表达式的值，例如以下程序。

```
def str_max(str1,str2):
    return str1 if str1>str2 else str2
```

2. Python 函数的调用

Python 函数的调用，就是执行函数。如果把创建的函数理解为一个具有某种用途的工具，那么调用函数就相当于使用该工具。

函数调用的基本语法格式如下。

```
[返回值]= 函数名 ([形参值])
```

其中，函数名是指要调用的函数的名称；形参值是指形式上的参数（简称形参）的值，形参的作用是以变量的形式来传递当前未知的值（后面会对其进行详细说明）。如果该函数有返回值，可以通过一个变量来接收该返回值，也可以不接收。

注意：创建函数时有多少个形参，调用时就需要传入多少个值，且顺序必须和创建函数时一致。即便该函数没有参数，函数名后的小括号也不能省略。

例如，可以调用上面创建的 pass_a 和 str_max 函数。

```
pass_a()
string_max=str_max("https://www.python.org/"," python ")
print(string_max)
```

首先，对于调用空函数来说，由于函数本身并不包含任何有价值的执行代码，也没有返回值，所以调用空函数不会有任何效果。

其次，对于上面的程序中对 str_max 函数的调用，由于当初定义该函数时为其设置了两个参数，所以这里在调用该函数时就必须传入两个参数。同时，由于该函数内部还使用了 return 语句，所以可以使用 string_max 变量来接收该函数的返回值。

程序执行结果如下。

```
https://www.python.org/
```

二、Python 函数值传递和引用传递

通常情况下，定义函数时都会选择有参数的函数形式，函数参数的作用是传递数据给函数，令其对接收的数据做出具体的操作处理。

在使用函数时，经常会用到形式参数和实际参数（简称实参），两者都称为参数，区别如下。

形式参数：在定义函数时，函数名后面括号中的参数就是形式参数，示例如下。

```
def demo(obj):  # 定义函数时，这里的函数参数 obj 就是形式参数
    print(obj)
```

实际参数：在调用函数时，函数名后面括号中的参数就是实际参数，即函数的调用者给函数的参数，示例如下。

```
a=" 不忘初心 "
demo(a)  # 调用已经定义好的 demo 函数，此时传入的函数参数 a 就是实际参数
```

简单而言，定义函数时的参数是形式参数，调用函数时的参数是实际参数。

实际参数和形式参数的关系，就如同剧本中的角色和演员的关系，剧本中的角色相当于形式参数，而演角色的演员就相当于实际参数。那么实际参数是如何传递给形式参数的呢？

在 Python 中，根据实际参数的类型不同，函数参数的传递方式可分为值传递和引用（地址）传递两种。值传递适用于实际参数类型为不可变类型（如字符串、数字、元组）；引用传递适用于实际参数类型为可变类型（如列表、字典）。值传递和引用传递的区别是，函数参数进行值传递后，形式参数的值发生改变，不会影响实际参数的值；而函数参数进行引用传递后，改变形式参数的值，实际参数的值也会一同改变。

例如，定义一个名为 demo 的函数，分别传入一个字符串类型的变量（代表值传递）和列表类型的变量（代表引用传递），具体如下。

```
def demo(obj):
    obj+=obj
    print(" 形式参数值为 :",obj)
print("------- 值传递 -----")
a=" 不忘初心 "
print("a 的值为 :",a)
demo(a)
print(" 实际参数值为 :",a)
print("----- 引用传递 -----")
a=[1,2,3]
print("a 的值为 :",a)
```

```
demo(a)
print(" 实际参数值为 :",a)
```

程序运行结果如下。

```
------- 值传递 -----
a 的值为 : 不忘初心
形式参数值为 : 不忘初心 不忘初心
实际参数值为 : 不忘初心
----- 引用传递 -----
a 的值为 :[1,2,3]
形式参数值为 :[1,2,3,1,2,3]
实际参数值为 :[1,2,3,1,2,3]
```

分析运行结果不难看出，在执行值传递时，改变形式参数的值，实际参数的值并不会发生改变；而在进行引用传递时，改变形式参数的值，实际参数的值也会发生同样的改变。

三、Python 函数参数传递机制

1. Python 函数参数的值传递机制

在 Python 中，如果实际参数的数据类型是不可变对象（如整数、字符串、元组等），则函数参数的传递方式是按值传递。函数参数的值传递是指将实际参数值的副本（复制品）传入函数，由于传入函数的是实际参数值的复制品，所以不管在函数中对这个复制品进行怎样的操作，实际参数本身不会受到任何影响。

下面的程序演示了函数参数进行值传递的效果。

```
def swap(a,b):
    # 下面的代码实现 a、b 变量的值交换
    a,b=b,a
    print("swap 函数里 ,a 的值是 ",a,";b 的值是 ",b)
a=9
b=6
swap(a,b)
print(" 交换结束后 , 变量 a 的值是 ",a,"; 变量 b 的值是 ",b)
```

程序运行结果如下。

```
swap 函数里 ,a 的值是 6;b 的值是 9
交换结束后 , 变量 a 的值是 9; 变量 b 的值是 6
```

从上面的运行结果来看，在 swap 函数中，a 和 b 的值分别是 6、9，交换结束后，a

和 b 的值分别是 9、6。从这个运行结果可以看出，主程序中实际定义的变量 a 和 b 并不是 swap 函数中的 a 和 b。正如前面所述，swap 函数中的 a 和 b 只是主程序中变量 a 和 b 的复制品。下面通过示意图来说明上面程序的执行过程。

上面的程序定义了 a、b 两个局部变量，这两个变量在内存中的存储示意图如图 6–1–1 所示。

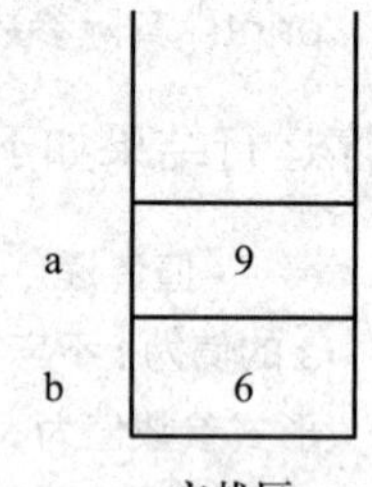

图 6–1–1　主栈区中 a、b 变量存储示意图

当程序执行 swap 函数时，系统进入 swap 函数，并将主程序中的 a、b 变量作为参数值传入 swap 函数，但传入 swap 函数的只是 a、b 的副本，而不是 a、b 本身。

当在主程序中调用 swap 函数时，系统分别为主程序和 swap 函数分配两块栈区，用于保存它们的局部变量。这两个栈区分别为主（程序）栈区和 swap 函数栈区。将主栈区中的 a、b 变量作为参数值传入 swap 函数，实际上是在 swap 函数栈区中重新产生了两个变量 a、b，并将主栈区中 a、b 变量的值分别赋给 swap 函数栈区中的 a、b 两个变量，即对 swap 函数栈区中的 a、b 两个变量进行初始化。此时，系统中存在两个 a 变量、两个 b 变量，只是存在于不同的栈区中而已。图 6–1–2 所示为将主栈区中的变量作为参数值传入 swap 函数栈区后的存储示意图。

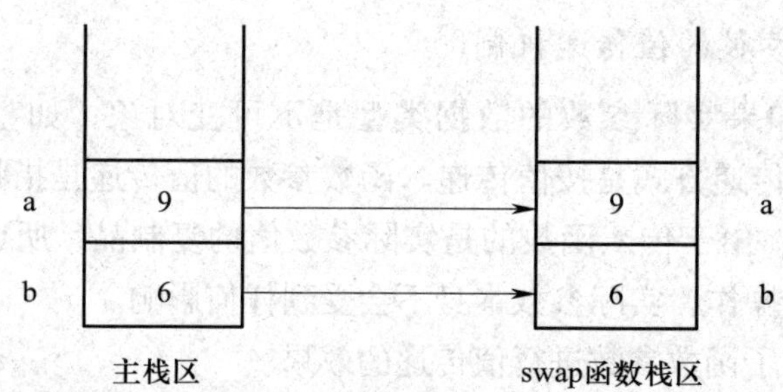

图 6–1–2　将主栈区中的变量作为参数值传入 swap 函数栈区后的存储示意图

程序在 swap 函数中交换 a、b 两个变量的值，实际上是对图 6–1–2 中 swap 函数栈区的 a、b 变量进行交换。交换结束后，输出 swap 函数中 a、b 变量的值。此时 a、b 在内存中的存储示意图如图 6–1–3 所示。

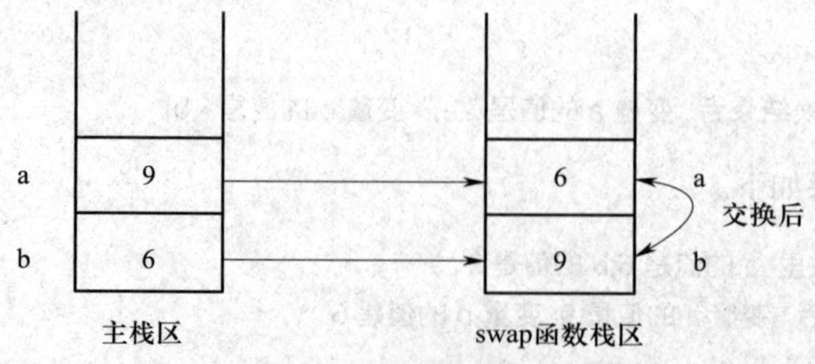

图 6–1–3　swap 函数中 a、b 交换后在内存中的存储示意图

对比图 6–1–3 与图 6–1–1，可以看到两个示意图中主栈区中 a、b 的值并没有任何改变，程序改变的只是 swap 函数栈区中 a、b 的值。值传递的实质是，当系统开始执行函数时，系统对形式参数进行初始化，即把实际参数变量的值赋给形式参数变量，在函数中操作的并不是实际参数变量。

2. Python 函数参数的引用传递机制

如果实际参数的数据类型是可变对象（如列表、字典），则函数参数的传递方式将采用引用传递。注意：引用传递方式的底层实现采用的依然是值传递的方式。

下面的程序演示了引用传递参数的效果。

```
def swap(value):
    # 下面的代码实现 value 的 a、b 两个元素的值交换
    value['a'],value['b']=value['b'],value['a']
    print("swap 函数里 ,a 元素的值是 ",value['a'],";b 元素的值是 ",value['b'])
value={'a':6,'b':9}
swap(value)
print(" 交换结束后 ,a 元素的值是 ",value['a'],";b 元素的值是 ",value['b'])
```

程序运行结果如下。

```
swap 函数里 ,a 元素的值是 9;b 元素的值是 6
交换结束后 ,a 元素的值是 9;b 元素的值是 6
```

从上面的运行结果来看，在 swap 函数中，value 字典的 a、b 两个元素的值被交换成功。不仅如此，当 swap 函数执行结束后，主程序中 value 字典的 a、b 两个元素的值也被交换了。这很容易造成一种错觉，即在调用 swap 函数时，传入 swap 函数的就是 value 字典本身，而不是它的复制品。事实上并非如此，下面结合示意图来说明程序的执行过程。

程序开始创建了一个字典对象，并定义了一个引用变量 value（其实就是一个指针）指向字典对象，这意味着此时内存中有两个东西：对象本身和指向该对象的引用变量。主程序创建了字典对象后的存储示意图如图 6–1–4 所示。

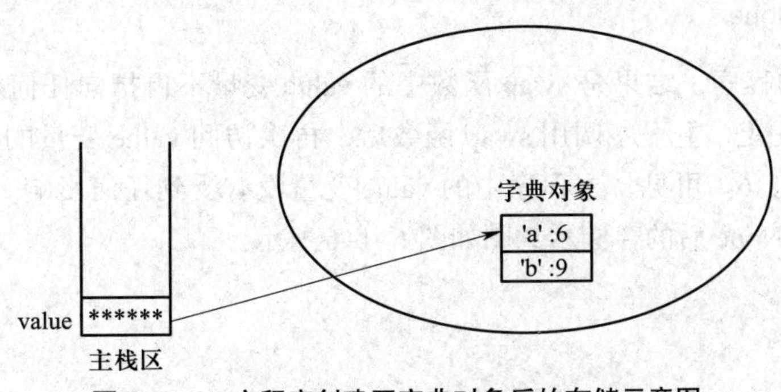

图 6–1–4　主程序创建了字典对象后的存储示意图

接下来主程序开始调用 swap 函数，在调用 swap 函数时，value 变量作为参数传入 swap 函数，这里依然采用值传递方式，即把主程序中 value 变量的值赋给 swap 函数中 value 的形参，从而完成 swap 函数中 value 参数的初始化。注意：主程序中的 value 是一个引用变量（也就是一个指针），它保存了字典对象的地址值，当把 value 的值赋给 swap 函数中 value 的形参后，让 swap 函数的 value 参数也保存这个地址值，即也会引用同一个字典对象。图 6–1–5 显示了 value 字典传入 swap 函数后的存储示意图。

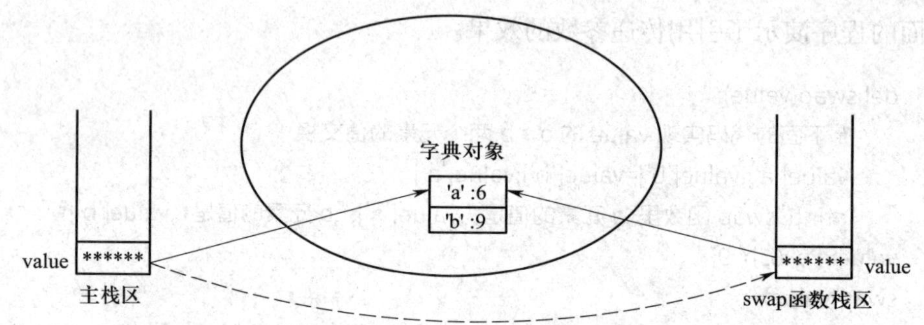

图 6–1–5　value 字典传入 swap 函数后的存储示意图

从图 6–1–5 可以看出，这种参数传递方式是值传递方式，系统复制了 value 的副本传入 swap 函数。由于 value 只是一个引用变量，所以系统复制的是 value 变量，并未复制字典本身。

当程序在 swap 函数中操作 value 参数时，由于 value 只是一个引用变量，故实际操作的还是字典对象。此时，不管是操作主程序中的 value 变量，还是操作 swap 函数中的 value 参数，其实操作的都是它们共同引用的字典对象。因此，当在 swap 函数中交换 value 参数所引用字典对象的 a、b 两个元素的值时，可以看到在主程序中 value 变量所引用字典对象的 a、b 两个元素的值也被交换了。

为了更好地证明主程序中的 value 和 swap 函数中的 value 是两个变量，在 swap 函数的最后一行增加如下代码。

```
# 把 value 直接赋值为 None，让它不再指向任何对象
value=None
```

运行上面的程序，结果是 swap 函数中的 value 变量不再指向任何对象，程序其他地方没有任何改变。主程序调用 swap 函数后，再次访问 value 变量的 a、b 两个元素，依然可以输出 9、6。可见，主程序中的 value 变量没有受到任何影响。将 swap 函数中的 value 赋值为 None 后的存储示意图如图 6–1–6 所示。

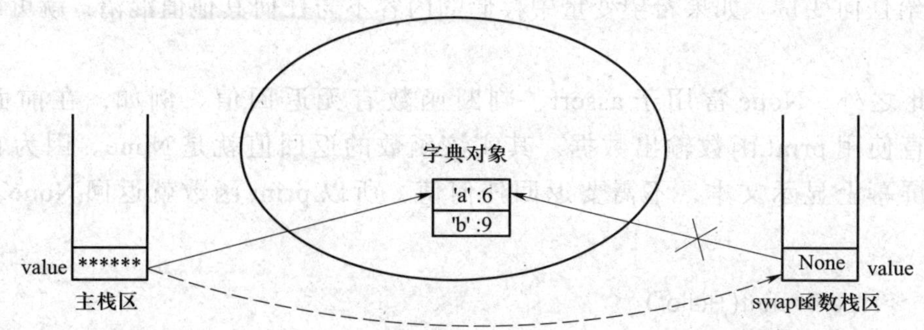

图 6–1–6　将 swap 函数中的 value 赋值为 None 后的存储示意图

从图 6–1–6 可以看出，把 swap 函数中的 value 赋值为 None 后，在 swap 函数中失去了对字典对象的引用，不可再访问该字典对象，但主程序中的 value 变量不受任何影响，依然可以引用该字典对象，因此依然可以输出字典对象的 a、b 元素值。

通过上述的介绍可以得出如下两个结论。

（1）不管什么类型的参数，在 Python 函数中对参数直接使用等号赋值是没用的，直接使用等号赋值并不能改变参数。

（2）如需让函数修改某些数据，可以把这些数据包装成列表、字典等可变对象，然后把列表、字典等可变对象作为参数传入函数，在函数中通过列表、字典的方法修改它们，从而成功地改变这些数据。

四、Python None（空值）的使用

在 Python 中，有一个特殊的常量 None（N 必须大写），和 False 不同，它不表示 0，也不表示空字符串，而表示没有值，也就是空值。

这里的空值并不代表空对象，即 None 和 []、" " 不同，例如以下程序。

```
>>>None is []
False
>>>None is ""
False
```

None 有自己的数据类型，可以在交互模式中使用 type 函数查看它的数据类型，执行代码如下。

```
>>>type(None)
<class 'NoneType'>
```

可以看到，它属于 NoneType 类型。

注意：None 是 NoneType 类型的唯一值（其他编程语言可能称这个值为 null、nil 或 undefined），也就是说，不能再创建其他 NoneType 类型的变量，但是可以将

None 赋给任何变量。如果希望变量中存储的内容不与任何其他值混淆，就可以使用 None。

除此之外，None 常用于 assert、判断函数有无返回值。例如，在前面的项目中一直使用 print 函数输出数据，其实该函数的返回值就是 None。因为它的功能是在屏幕上显示文本，不需要返回任何值，所以 print 函数就返回 None。示例如下。

```
>>>spam=print('Hello!')
Hello!
>>>None==spam
True
```

另外，对于所有没有 return 语句的函数定义，Python 都会在末尾加上 return None，即使用不带值的 return 语句（也就是只有 return 关键字本身），那么就返回 None。

五、return 语句的使用方法

目前，我们创建的函数都只是对传入的数据进行了处理，处理完了就结束，但实际上，在某些场景中，还需要函数将处理的结果反馈回来，前面所述的函数基本语法格式也有所提及。

在 Python 中，用 def 语句创建函数时，可以用 return 语句指定应该返回的值，该返回值可以是任意类型。注意：return 语句在同一函数中可以出现多次，但只要有一个得到执行，就会直接结束函数的执行。

在函数中，使用 return 语句的语法格式如下。

```
return [ 返回值 ]
```

其中，返回值参数可以指定，也可以省略不写（将返回空值 None）。例如以下程序。

```
def add(a,b):
    c=a+b
    return c
# 将函数赋给变量
c=add(3,4)
print(c)
# 将函数返回值作为其他函数的实际参数
print(add(3,4))
```

程序运行结果如下。

```
7
7
```

本例中，add 函数既可以用来计算两个数的和，又可以连接两个字符串，它会返回计算的结果。

通过 return 语句指定返回值后，在调用函数时，既可以将该函数的返回值赋给一个变量，用变量保存函数的返回值，又可以将函数的返回值作为某个函数的实际参数。例如以下程序。

```
def isGreater0(x):
    if x>0:
        return True
    else:
        return False
print(isGreater0(5))
print(isGreater0(0))
```

程序运行结果如下。

```
True
False
```

可以看到，函数中可以同时包含多个 return 语句，但最终真正执行的只有一个，一旦执行了一个 return 语句，就会立即结束函数的执行。

在以上示例中函数都通过 return 语句返回了指定值，但都只返回了一个值，事实上，Python 能通过 return 语句返回多个值，Python 函数可以通过返回列表或元组的方式将需要返回的多个值保存到序列中，间接达到返回多个值的目的。示例如下。

```
def return_multi( ):
    return_tuple=('hg',2022)
    return return_tuple
def return_multi2( ):
    return 'hg',2022
print(return_multi( ))
print(return_multi2( ))
```

程序运行结果如下。

```
('hg',2022)
('hg',2022)
```

从运行结果可以看出，return 后面可以接用逗号分隔的序列，即使没有括号，序列也会自动封装成一个元组，返回值的结果也是一个元组。

结果汇报

总结对 Python 函数基本概念的理解，并记录相关收获。

思考练习

1. 在 Python 中如何定义一个函数？
2. Python 的函数类型有哪些？
3. 函数可以嵌套定义吗？实践尝试一下。

任务 2 应用 Python 内置函数

任务目标

1. 掌握 Python 内置函数的概念与使用方法。
2. 能使用 Python 内置函数创建和修改列表。

相关知识

Python 内置函数在 Python 中占有非常重要的地位，熟练使用 Python 内置函数对学习和使用 Python 非常重要。Python 官方文档给出的 Python 内置函数见表 6-2-1，常用的有 zip 函数、reversed 函数和 sorted 函数等。

表 6-2-1 Python 内置函数

序号	名称	序号	名称	序号	名称	序号	名称	序号	名称
1	abs	14	delattr	27	hash	40	memoryview	53	set
2	all	15	dict	28	help	41	min	54	setattr
3	any	16	dir	29	hex	42	next	55	slice
4	ascii	17	divmod	30	id	43	object	56	sorted
5	bin	18	enumerate	31	input	44	oct	57	staticmethod
6	bool	19	eval	32	int	45	open	58	str
7	breakpoint	20	exec	33	isinstance	46	ord	59	sum
8	bytearray	21	float	34	iter	47	print	60	tuple
9	callable	22	format	35	len	48	property	61	type
10	chr	23	frozenset	36	list	49	range	62	vars
11	classmethod	24	getattr	37	locals	50	repr	63	zip
12	compile	25	globals	38	map	51	reversed	64	__import__
13	complex	26	hasattr	39	max	52	round		

一、zip 函数及用法

zip 函数是 Python 内置函数之一，它可以将多个序列，如列表、元组、字典、集合、字符串以及 range 区间构成的列表“压缩”成一个 zip 对象。所谓“压缩”，其实就是将这些序列中对应位置的元素重新组合，生成一个个新的元组。

zip 函数的语法格式如下。

```
zip(iterable,…)
```

其中，“iterable,…”表示多个列表、元组、字典、集合、字符串，甚至可以是 range 区间。

zip 函数的使用方法如下。

```
list1=['aa','bb','cc']
tup1=(11,22,33)
print([x for x in zip(list1,tup1)])
```

程序运行结果如下。

```
[('aa',11),('bb',22),('cc',33)]
```

注意：在使用 zip 函数“压缩”多个序列时，它会分别取各序列中第 1 个元素、第 2 个元素、…、第 n 个元素，各自组成新的元组。当多个序列中元素个数不一致时，会以最短的序列为准进行压缩。

另外，对于 zip 函数返回的 zip 对象，既可以像上面的程序那样，通过遍历提取其存储的元组，又可以像下面的程序这样，通过调用 list 函数将 zip 对象强制转换成列表。

```
list1=['aa','bb','cc']
tup1=(11,22,33)
print(list(zip(list1,tup1)))
```

程序运行结果如下。

```
[('aa',11),('bb',22),('cc',33)]
```

二、reversed 函数及用法

reversed 函数是 Python 内置函数之一，其功能是对于给定的序列，包括列表、元组、字符串以及 range 区间，可以返回一个逆序序列的迭代器（用于遍历该逆序序列）。

reversed 函数的语法格式如下。

```
reversed(seq)
```

其中，seq 可以是列表、元组、字符串以及 range 生成的区间列表。

reversed 函数的使用方法如下。

```
# 将列表进行逆序
print([x for x in reversed([1,2,3,4,5])])
# 将元组进行逆序
print([x for x in reversed((1,2,3,4,5))])
# 将字符串进行逆序
print([x for x in reversed("Python 编程语言 ")])
```

程序运行结果如下。

```
[5,4,3,2,1]
[5,4,3,2,1]
[' 言 ',' 语 ',' 程 ',' 编 ','n','o','h','t','y','P']
```

三、sorted 函数及用法

sorted 函数作为 Python 内置函数之一，其功能是对序列（列表、元组、字典、集合、字符串等）进行排序。

sorted 函数的基本语法格式如下。

```
list=sorted(iterable,key=None,reverse=False)
```

其中，iterable 表示指定的序列，key 参数可以自定义排序规则，reverse 参数指定以升序（False，默认）还是降序（True）进行排序。sorted 函数会返回一个排好序的列表。

sorted 函数的使用方法如下。

```
# 对列表进行排序
a=[5,4,3,2,1]
print(sorted(a))
# 对元组进行排序
b=(5,4,3,2,1)
print(sorted(b))
# 对集合进行排序
c={5,4,3,2,1}
print(sorted(c))
# 对字符串进行排序
d="54321"
print(sorted(d))
# 按键对字典进行排序
e={5:1,4:2,3:3,2:4,1:5}
print(sorted(e.items( )))          # 返回一个包含字典中所有键值对的视图对象
```

程序运行结果如下。

```
[1,2,3,4,5]
[1,2,3,4,5]
[1,2,3,4,5]
['1','2','3','4','5']
[(1,5),(2,4),(3,3),(4,2),(5,1)]
```

任务实施

本任务要求创建两个列表（list1=[" 名称 :"," 编程语言分类 :"]、list2=["Python"," 解释型

编程语言 "]），使用 zip 函数压缩出一个新的列表：list3=[('名称 :','Python'), ('编程语言分类 :','解释型编程语言 ')]，使用 reversed 函数制作出 list3 的倒序列表，再使用 sorted 函数重新排序，并使用 print 函数将以上结果输出到终端。

本任务编程思路：按照要求创建数据，并使用相应的内置函数对数据进行处理，使用 print 函数将处理后的数据输出到终端。

程序流程如图 6–2–1 所示。

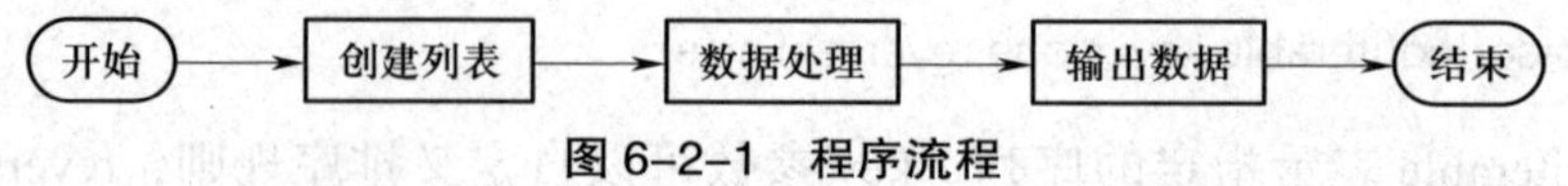

图 6–2–1　程序流程

```
list1=[" 名称 :"," 编程语言分类 :"]
list2=["Python"," 解释型编程语言 "]
list3=[x for x in zip(list1,list2)]
print(list3)
list4=[x for x in reversed(list3)]
print(list4)
print(sorted(list4))
```

程序运行结果如下。

```
[(' 名称 :','Python'),(' 编程语言分类 :',' 解释型编程语言 ')]
[(' 编程语言分类 :',' 解释型编程语言 '),(' 名称 :','Python')]
[(' 名称 :','Python'),(' 编程语言分类 :',' 解释型编程语言 ')]
```

结果汇报

总结本任务所介绍的三个函数的作用和使用方法，并结合自己的理解，总结在什么情况下会用到这些函数。

思考练习

1. 将任务实施中的列表换成元组、字符串等其他数据类型进行相似的操作。
2. 使用内置函数需要额外下载第三方库吗？为什么？
3. 如何确认使用的函数是不是 Python 内置函数？

任务 3　Python 常用参数的使用

任务目标

1. 了解位置参数的基本概念。
2. 了解缺省参数的基本概念。
3. 了解可变参数的基本概念。
4. 了解关键字参数的基本概念。
5. 了解命名关键字参数的基本概念。
6. 掌握各类参数的使用方法并能正确使用。

相关知识

一、位置参数

位置参数，有时也被称为必备参数，是指在调用函数时必须按照正确的顺序将实际参数传递给函数。换句话说，调用函数时传入的实际参数数量和位置必须与定义函数时所期望的一致。

在调用函数时，实际参数的数量和形式参数的数量必须匹配。这意味着在函数调用过程中，传递的实际参数数量必须与函数定义中指定的形式参数数量相同，否则 Python 解释器将引发 TypeError 异常，并提示缺少必要的位置参数。无论传递的实际参数多了还是少了，都会导致函数调用失败。

例如以下程序。

```
def girth(width,height):
    return 2*(width+height)
```

```
# 调用函数时，必须传递 2 个参数，否则会引发错误
print(girth(3))
```

程序运行结果如下。

```
Traceback(most recent call last):
File "C:\Users\mengma\Desktop\1.py",line 4,in <module>
  print(girth(3))
TypeError:girth( ) missing 1 required positional argument: 'height'
```

从程序运行结果可以看出，抛出的异常类型为 TypeError，具体是指 girth 函数缺少一个必要的 height 参数。同理，多传参数也会抛出异常。

二、缺省参数

定义函数时，可以给某个参数指定一个默认值，具有默认值的参数叫作缺省参数，又叫默认参数。调用函数时，如果没有传入缺省参数的值，则在函数内部使用定义时指定参数默认值。

注意：必须保证带有默认值的缺省参数在参数列表末尾。在调用函数时，如果有多个缺省参数，则需要指定参数名。

Python 定义带有缺省参数的函数的语法格式如下。

```
def 函数名 (..., 形参名 , 形参名 = 默认值 ):
    代码块
```

三、可变参数

Python 的可变参数有两种，一种是列表类型，一种是字典类型。如以下示例所示，number 接收的是一个常规参数，*args 接收的是一个元组，**kwargs 接收的是一个字典。

```
def 函数名 (...,number,*args,**kwargs):
    代码块
```

可以理解为，在传递参数的过程中，传入的数据列表在常规参数接收完毕之后，剩下的数据列表会由形参 *args 封装成一个元组进行接收，字典数据列表则全由 **kwargs 封装成字典进行接收。

四、关键字参数

一般情况下，使用函数时采用的参数都是位置参数，即传入函数的实际参数必须与

形式参数的数量和位置一一对应。而关键字参数则可以避免位置参数需要牢记参数位置的麻烦，使函数的调用和参数传递更加灵活、方便。

关键字参数是指使用形式参数的名称来确定输入的参数值。通过此方式指定函数的实际参数时，不再需要实际参数与形式参数的位置完全一致，只要确保实际参数的名称正确即可。

因此，函数的参数名应具有更好的语义，通过参数名可以立刻明确传入函数的各个参数的含义。

五、命名关键字参数

如果需要限制关键字参数的名称，可以用命名关键字参数，如以下示例所示，只接收 name 和 age 作为关键字参数，并用“*”分隔。

```
def person(...,*,name,age):
    代码块
```

注意：在传递参数时，务必按照函数定义时所命名的关键字参数进行传递，否则在调用函数时会引发错误。如果函数定义中已经存在一个可变参数（带有“*”的参数），后续命名关键字参数时无须再添加额外的“*”作为分隔符。而在给命名关键字参数传递值时，必须显式地使用参数名来传递值（显式是指在调用函数时，不仅按照位置顺序传递参数值，还通过指定参数名的方式来传递参数值），否则将引发错误。这些注意事项对于确保函数调用的正确性非常重要。

命名关键字参数也可以有默认值，从而简化调用，示例如下。

```
def person(*,name,age=20):
    print(name,age)
person(name=' 小红 ')
```

如上所示，由于命名关键字参数 age 具有默认值，在调用函数时可不传入 age 参数。

任务实施

本任务要求新建一个 Python 文件“6–3.py”，编程综合使用各类参数，加深对各类参数的理解。

本任务编程思路：编写一个函数，传入需要输出的参数，主程序调用函数输出参数内容。

程序流程如图 6–3–1 所示。

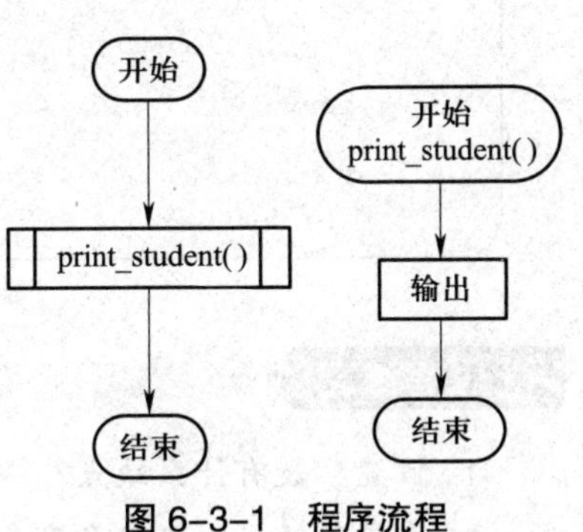

图 6–3–1　程序流程

步骤 1　定义输出信息函数

定义一个函数，输出学生的名称、班级、座位（第几行第几列）、性别、语文成绩和数学成绩，参数列表为

name、stu_class、position（两个整数，用逗号分隔）、gender（默认值为男）、Chinese、math。

```
def print_student(name,stu_class,*position,gender=' 男 ',Chinese,math):
    print("{}\t{}\t{}\t{}\t{}\t\t{}\t".format(name,stu_class,position,gender,Chinese,math))
```

步骤 2　定义输出表头函数

定义一个函数，输出学生信息的表头。

```
def print_header( ):
    print(" 姓名 \t 班级 \t 座位 \t 性别 \t 语文成绩 \t\t 数学成绩 ")
```

步骤 3　调用函数

在主程序中调用函数，输出小红和小蓝的学生信息。

```
print_header( )
print_student(" 小红 ",1,3,5,gender=' 女 ',Chinese=93,math=95)
print_student(" 小蓝 ",2,1,1,gender=' 男 ',Chinese=92,math=97)
```

程序运行结果如下。

```
姓名    班级    座位    性别    语文成绩        数学成绩
小红    1       (3,5)   女      93              95
小蓝    2       (1,1)   男      92              97
```

结果汇报

总结对 Python 参数的理解，并记录取得的收获。

思考练习

1. 位置参数有什么缺点？
2. 在实际开发中使用多种参数时需要注意什么？

任务 4　变量作用域和 global 变量的使用

任务目标

1. 熟悉变量作用域的概念。
2. 能区分局部变量与全局变量。
3. 能正确使用局部变量和全局变量。

相关知识

变量作用域是指变量的有效范围，即变量可以在哪个范围内使用。有些变量可以在整段代码的任意位置使用，有些变量只能在函数内部使用，还有些变量只能在 for 循环内部使用。

变量作用域由变量的定义位置决定，在不同位置定义的变量，它们的作用域是不一样的。变量按作用域划分，可以分为局部变量和全局变量两种。

一、局部变量

局部变量是指在函数内部定义的变量，它的作用域仅限于函数内部，在函数外部就不能被使用了。

当函数被执行时，Python 会为局部变量分配一个临时的存储空间，所有在函数内部定义的变量都会存储在这个空间中。函数执行完毕，这个临时存储空间随即被释放并回收，该空间中存储的变量自然也就无法再被使用。

二、全局变量

除了在函数内部定义变量，Python 还允许在所有函数的外部定义变量，这样的变量称为全局变量。和局部变量不同，全局变量的默认作用域是整个程序，即全局变量既可以在各个函数内部使用，又可以在各个函数外部使用。

定义全局变量的方式有两种：一种是在函数体外定义的变量，这类变量一定是全局变量；另一种是在函数体内定义的全局变量。

这里涉及全局变量的用法，即使用 global 关键字对变量进行修饰后，该变量就变为全局变量，具体语法格式如下。

```
def 函数名 ( 参数列表 ):
    global 变量名
```

注意：在使用 global 关键字修饰变量名时，不能直接给变量赋初值，否则会引发语法错误。

任务实施

本任务要求新建一个 Python 文件“6–4.py”，利用局部变量和全局变量编程实现学生身份的输出，加深对变量作用域的理解。

本任务编程思路：在主程序中定义一个全局变量并赋初始值，输出表头；编写一个函数，用于输出参数信息；用输出函数输出表头；用主程序调用自定义函数，添加输出。

程序流程如图 6–4–1 所示。

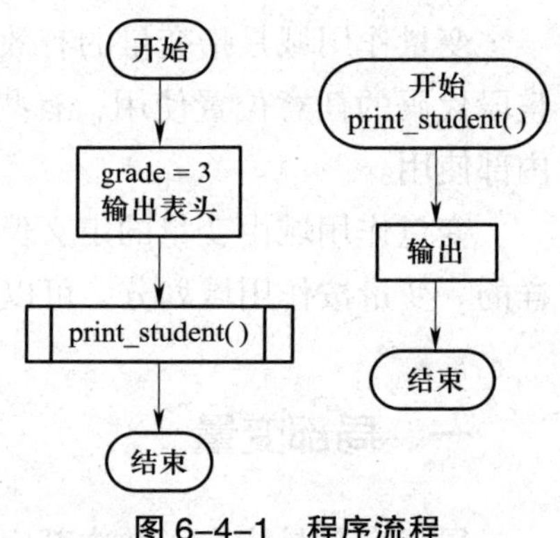

图 6–4–1　程序流程

步骤 1　定义变量，输出表头

在主程序中定义一个全局变量 grade 并赋初始值 3，输出表头。

```
grade=3
print(" 姓名 \t 年龄 \t 年级 \t 班级 ")
```

步骤 2　编写输出信息函数

编写一个自定义函数，在函数体内部定义变量：name 赋值为小明，age 赋值为 18，stu_class 赋值为 2，在定义 stu_class 时使用 global 关键字修饰，并使用输出函数输出 name、age、grade、stu_class 的值。

```
def print_student( ):
    name=" 小明 "
    age=18
    global stu_class
    stu_class=2
    print("%s\t%s\t\t%s\t\t%s"%(name,age,grade,stu_class))
```

步骤 3　调用函数

在主程序中调用自定义函数。

```
print_student()
```

程序运行结果如下。

```
姓名	年龄	年级	班级
小明	18	3	2
```

步骤 4　添加输出

在主程序中添加一行代码，用于输出 name、age、grade、stu_class 的值，程序运行结果显示 name 未被定义，这是因为 name 是局部变量，仅可在定义的函数内部使用。

```
print("%s\t%s\t\t%s\t\t%s"%(name,age,grade,stu_class))
```

程序运行结果如下。

```
NameError:name 'name' is not defined
```

步骤 5　修改数据类型

将步骤 4 添加的输出语句的 name 和 age 修改成字符串常量（名称值为未知，年龄为 –1）进行输出。

```
print("%s\t%s\t\t%s\t\t%s"%(" 未知 ","–1",grade,stu_class))
```

程序运行结果如下。

```
姓名	年龄	年级	班级
小明	18	3	2
未知	–1	3	2
```

结果汇报

总结对变量作用域和 global 变量的理解，并记录取得的收获。

思考练习

1. 在实际开发中大量使用全局变量有什么不妥?
2. global 变量在实际的项目开发中有什么作用?

任务 5 Python 高阶函数和 lambda 表达式的使用

任务目标

1. 熟悉 Python 高阶函数的概念。
2. 掌握 Python 中常用高阶函数的使用方法。
3. 掌握 lambda 表达式的使用方法。
4. 能正确使用 Python 中常用的高阶函数和 lambda 表达式。

相关知识

一、高阶函数的概念

函数只要满足下面的任意一个条件就是高阶函数。

(1)将一个函数的函数名作为参数传给另一个函数。示例如下。

```
def func():        # 普通函数
    代码块
def high_function(func):    # 高阶函数
    代码块
    func()
high_function (func)
```

(2)一个函数的返回值为另外一个函数(若返回为函数本身,则为递归)。示例如下。

```
def func():
    代码块
```

```
def high_function (func):
    代码块
    return func
res=high_function (func)
res()
```

二、Python 内置的高阶函数

1. map 函数

map 函数接收的是两个参数，一个是函数名，另一个是序列，其功能是将序列中的数值作为函数的参数依次传入函数中执行，然后再返回到列表中。返回值是一个迭代器对象。例如以下程序。

```
def func(x):
    return x+x   # 对传进来的参数进行自加操作
res=map(func,[1,2,3,4])
print(res)
for i in res:
    print(i)
```

程序运行结果如下。

```
<map object at 0x0000017DD6033470>
2
4
6
8
```

高阶函数 map 一般和匿名函数 lambda 联合使用，能够起到明显的简化代码的效果。

对于迭代器有三种访问方式：next 函数、for 循环、转变成列表。

2. filter 函数

filter 函数也是接收一个函数和一个序列的高阶函数，其主要功能是过滤，其返回值也是迭代器对象。

例如以下程序。

```
names=["XIAOlan","xiaohong","xiaofang"]
print(list(filter(lambda x:x.islower( ),names)))
```

程序运行结果如下。

```
['xiaohong','xiaofang']
```

从上述代码可以看出，高阶函数 filter 只选择全为小写的字符串，从而起到过滤作用。

三、lambda 表达式

Python 中提供了特色的函数表达方式，即 lambda 表达式。

lambda 表达式又称匿名函数，常用来表示内部仅包含一行表达式的函数。如果一个函数的函数体仅有一行表达式，则该函数就可以用 lambda 表达式来代替。

lambda 表达式的语法格式如下。

```
name=lambda [list]: 表达式
```

其中，定义 lambda 表达式必须使用 lambda 关键字；[list] 作为可选参数，等同于定义函数时指定的参数列表；name 相当于定义函数时的函数名称。该语法格式转换成普通函数的形式如下。

```
def name([list]):
    return 表达式
```

lambda 表达式是简单函数的简写版本。相比函数，lambda 表达式具有以下两个优势。

（1）对于单行函数，使用 lambda 表达式可以省去定义函数的过程，使代码更加简洁。

例如以下程序。

```
add=lambda x,y,z:x+y+z
print(add(1,2,3))
```

程序运行结果如下。

```
6
```

（2）对于不需要多次复用的函数，lambda 表达式可以在用完之后立即释放，提高程序执行能力。

任务实施

本任务要求新建一个 Python 文件“6–5.py”，编写三个自定义函数，分别使用本任务介绍的三种高阶函数实现指定的需求。

本任务编程思路：编写自定义函数 func1，使用 map 函数对输入的数据进行处理；

编写自定义函数 func2，使用 filter 函数对列表进行筛选；编写自定义函数 func3，使用 sorted 函数对列表进行指定排序，主程序分别调用三个自定义函数。

程序流程如图 6-5-1 所示。

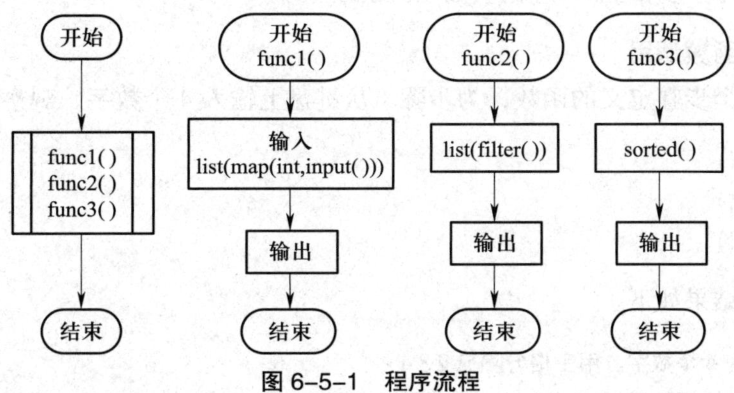

图 6-5-1　程序流程

步骤 1　编写整数输入函数

编写一个自定义函数，实现通过 input 函数输入 4 个整数，以空格分开，并使用 split 函数对输入值进行分割（默认按空格分割），通过 map 函数将输入的值转换成整数型（通过 input 接收键盘输入的值，数据类型为 string），将 map 函数返回的迭代器对象转换成列表，并使用变量 num_list 接收和使用输出函数输出。

```
def func1():
    num_list=list(map(int,input(" 请输入 4 个数字，用空格分隔 :").split()))
    print(" 步骤 1 执行结果为 :%s" % num_list)
```

步骤 2　编写数据筛选函数

编写一个自定义函数，使用 filter 函数将列表 list_alpha=["Guang","zhou","High","good"] 中首字母大写的单词筛选出来，并使用 list 函数将 filter 函数返回的迭代器对象转换成列表，然后将处理后的 list_alpha 用输出函数进行输出。注意：字符串 .istitle() 表示当所有单词首字母都是大写时为真，返回 True，否则返回 False。

```
def func2():
    list_alpha=["Guang","zhou","High","good"]
    list_alpha=list(filter(lambda x:x.istitle(),list_alpha))
    print(" 步骤 2 执行结果为 :%s" % list_alpha)
```

步骤 3　编写排序函数

编写一个自定义函数，使用 sorted 函数结合 lambda 表达式完成排序。要求：使用 sorted 函数按元组（[("xiaoming",18),("xiaolan",20),("xiaolin",15)]）的第二个元素进行从小到大排序，并将排序后的结果以列表的形式输出。

```
def func3():
    data=[("xiaoming",18),("xiaolan",20),("xiaolin",15)]
    data=sorted(data,key=lambda x:x[1])
    print(" 步骤 3 执行结果为 :%s" % data)
```

步骤 4　函数调用

调用前 3 个步骤定义的函数，为步骤 1 从键盘上输入 4 个数字，观察执行结果。

```
func1()
func2()
func3()
```

程序运行结果如下。

```
请输入 4 个数字，用空格分隔 :1 2 3 4
步骤 1 执行结果为 :[1,2,3,4]
步骤 2 执行结果为 :['Guang','High']
步骤 3 执行结果为 :[('xiaolin',15),('xiaoming',18),('xiaolan',20)]
```

结果汇报

总结对本任务知识的认识和理解，并做好记录。

思考练习

1. 什么是高阶函数？
2. 高阶函数和普通函数有哪些区别？
3. lambda 表达式有哪些用法？

任务 6 Python 函数修饰器的使用

任务目标

1. 理解 Python 函数修饰器的概念。
2. 掌握 Python 函数修饰器的使用方法。
3. 能正确使用 Python 函数修饰器。

相关知识

Python 函数修饰器使用下列形式修饰一个函数。

```
@ 修饰器 1
def 函数 1:
    函数体
```

上述定义也相当于：

```
函数 1= 修饰器 1( 函数 1)
```

修饰器实际上就是一个函数，一个用来包装函数的函数。修饰器返回一个修改之后的函数对象，且具有相同的函数签名。

修饰器是一种设计模式，其作用是为已经存在的函数添加额外的功能，如插入日志以及进行性能测试、事务处理等。

一个函数可以使用多个修饰器，结果与修饰器的位置及顺序有关，例如以下程序。

```
@foo
@spam
def bar( ):
    pass
```

等同于以下程序。

```
def bar( ):
    pass
bar=foo(spam(bar))
```

Python 中包含内置的修饰器，如 staticmethod、classmethod 和 property 等。用户也可以自定义修饰器。

例如，使用修饰器输出“计算 1+2+3+…+n 的和及运行所需时间”，其程序示例如下。

```
import time                                   # 引用 time 模块
def timeit(func):
    def wrapper(*args):
        start=time.perf_counter( )            # 记录开始时间
        func(*args)                           # 调用传入的函数，并传递参数
        end=time.perf_counter( )              # 记录结束时间
        print(' 运行时间（秒）:',end-start)    # 计算并输出函数执行时间
    return wrapper
@timeit
def my_sum(n):
    sum=0
    for i in range(n):
        sum+=i
    print(sum)
# 用于判断一个 Python 脚本是被直接运行还是作为模块被导入其他脚本
if __name__=='__main__':
    my_sum(100000)                            # 调用 my_sum 函数，传入参数 100000
```

n 取值为 100 000 时运行结果如下。

```
4999950000
运行时间（秒）:0.004166100000000024
```

任务实施

本任务要求新建一个 Python 文件“6–6.py”，编程计算并输出 1 至 1 000 之间两两数字之和的总和（例：1 ~ 2 的两两数字之和有 1+2、1+1、2+2、2+1 四种），以及输出执行时间。

本任务编程思路：导入模块 time，自定义修饰器，计算自定义函数的执行时间；编写自定义函数求和，在编写的自定义函数前面使用自定义修饰器修饰；主程序调用函数。

程序流程如图 6–6–1 所示。

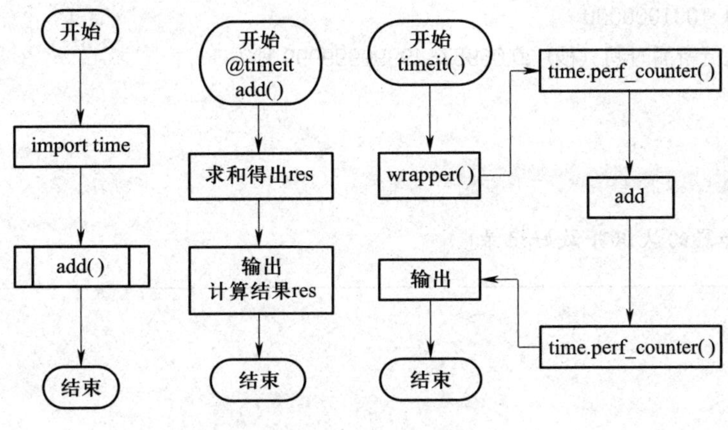

图 6–6–1　程序流程

步骤 1　自定义修饰器

自定义修饰器，输出自定义函数的执行时间。

```
import time
def timeit(func):
    def wrapper():
        start=time.perf_counter()
        func
        end=time.perf_counter()
        print(" 程序执行所需时间（秒）:",end-start)
    return wrapper
```

步骤 2　自定义求和函数

自定义函数（功能：计算 1 至 1 000 之间两两数字之和的总和）并在自定义函数前面使用修饰器。

```
@timeit
def add():
    res=0
    for i in range(1,1001):
        for j in range(1,1001):
            res+=i+j
    print(" 总和为 :",res)
```

步骤 3　调用函数

主程序调用自定义函数输出结果和执行时间。

```
add()
```

程序运行结果如下。

```
总和为 :1001000000
程序执行所需时间（秒）:0.06957849999999999 秒
```

结果汇报

简述对修饰器的认识并做好记录。

思考练习

1. 修饰器有什么缺点?
2. 使用修饰器需要注意什么?

项目七 Python 面向对象

面向对象是一种编程思想，以这种思想为指导设计的程序，把数据和对数据的操作封装在一起组成类，通过类来创建对象，通过对象之间的交互来实现程序的功能。面向对象编程是一种编程方式，此编程方式的落地需要使用“类”和“对象”来实现，因此面向对象编程其实就是对“类”和“对象”的使用。本项目主要介绍类对象和实例对象及其属性、方法、继承，迭代器和生成器。

项目任务

- ✧ 任务 1　认识类对象和实例对象
- ✧ 任务 2　认识属性
- ✧ 任务 3　认识方法
- ✧ 任务 4　认识继承
- ✧ 任务 5　认识可迭代对象——迭代器和生成器

建议学时

6 学时

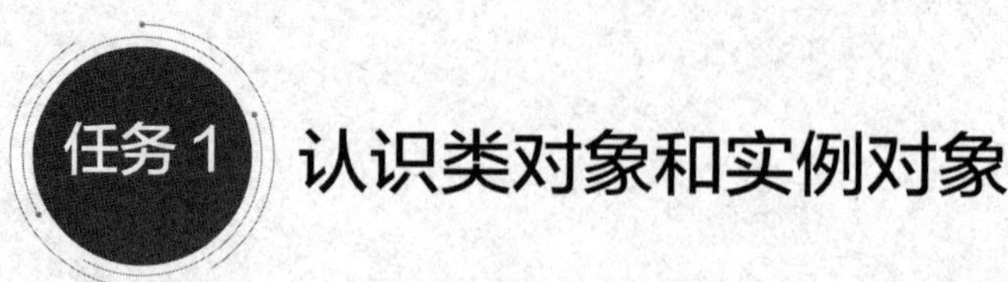

任务 1 认识类对象和实例对象

任务目标

1. 了解对象的定义。
2. 了解面向对象的特性。
3. 了解类和实例的定义及使用。
4. 能正确使用类对象和实例对象。

相关知识

一、对象的定义

所谓对象，从概念层面来看，是对某种事物的抽象表示（包含功能和属性）。抽象可以分为两个方面：数据抽象和过程抽象。数据抽象定义了对象的属性，而过程抽象定义了对象的操作。

在面向对象的程序设计中，强调将数据（属性）和操作（服务）融合成一个不可分割的单元，即对象。外部使用对象时，只需知道它的功能，而不必了解内部的实现细节。

在规范层面，对象是一系列可被其他对象使用的公共接口，实现了对象间的交互。从编程语言的角度，对象将数据和代码（程序）封装在一起，实现了信息的隐藏。

通过类创建的实例被称为对象。类和对象的关系类似汽车的设计图纸与实际汽车的关系。设计图纸（类）本身并不具备可用性，只有通过图纸制造出来的汽车（对象）才能被使用。这种模型能够帮助开发者更好地组织和管理代码，实现代码的重用和扩展。

二、面向对象的特性

1. 封装

封装是面向对象的主要特性，是指把客观事物抽象并封装成对象，即将数据成员、属性、方法和事件等集合在一个整体内。通过访问控制还可以隐藏内部成员，但只允许可信的对象访问或操作部分数据或方法。

封装保证了对象的独立性，可以防止外部程序破坏对象的内部数据，同时便于对程序维护和修改。

2. 继承

继承是面向对象的程序设计中代码重用的主要方法。继承允许使用现有类的功能，并在无须重新改写原来类的情况下对这些功能进行扩展。继承可以避免代码复制和相关的代码维护等问题。

3. 多态性

派生类继承了基类的所有非私有数据和行为，同时能够定义自己的新数据和行为。因此，派生类拥有两个有效的类型：自身的类型以及它所继承的基类的类型。这种特性使得一个对象可以展现出多种不同类型的能力，这被称为多态性。

通过继承，派生类能够在已有基础之上，扩展和定制基类，同时可以添加新的属性和方法。多态性则使得可以在不同的上下文中使用相同的对象，从而实现更灵活和通用的代码设计。多态性能够在运行时自动地选择适当的方法或行为，从而提高代码的可扩展性和可维护性。

三、类的定义

类使用关键字 class 声明。类的声明格式如下。

```
class 类名 :
    类体
```

其中，类名为有效的标识符，通常由多个单词组成，每个单词的首字母大写，其余字母小写，这有助于提高代码的可读性和可维护性。类体是由缩进的一系列语句组成的块。

在类体内部定义的元素被视为类的成员。类的主要成员可以分为两种类型：描述状态的数据成员（也称为属性）和描述操作的函数成员（也称为方法）。

值得注意的是，Python 中的 class 语句实际上是一个复合语句，它不仅定义了一个类，更是在 Python 解释器执行时创建了一个类对象。这个类对象可以看作一个模板，根据这个模板可以创建出许多实例，每个实例都具有类定义中所描述的属性和方法。这种面向对象的思想为代码的设计和组织提供了更加灵活和可复用的方式。

四、实例的定义

类是抽象的，如果要使用类定义的功能，就必须实例化类，即创建类的对象。在创建实例对象后，可以使用“.”运算符来调用其成员。

注意：创建类的对象、创建类的实例、实例化类等说法是等价的，都是以类为模板生成了一个对象。

实例对象的调用格式如下。

```
anObject= 类名 ( 参数列表 )
anObject. 对象函数 或 anObject. 对象属性
```

Python 创建对象的方法无须使用关键字 new，而是直接像调用函数一样调用类对象并传递参数，因此，类对象是可调用对象。在 Python 内置函数中，bool、int、str、list、dict、set 等均为可调用内置类对象，在有的场合也称之为函数，如使用 str 函数把数值“123”转换成字符串的形式“str(123)”。

五、类对象和实例对象的使用

访问类的成员（属性和方法）主要有两种方式：使用类对象和使用实例对象。

1. 使用类对象访问成员

当使用类对象访问成员时，可以直接通过类名访问类的属性和方法。这样的访问方式适用于类的静态属性和静态方法，它们不依赖于实例对象的创建。这种方式更适合处理类级别的数据或方法。例如以下程序。

```
class MyClass:
    class_variable = 10

    @classmethod
    def class_method(cls):
        print("This is a class method.")

print(MyClass.class_variable)   # 通过类对象访问类的属性
MyClass.class_method()   # 通过类对象调用类的方法
```

2. 使用实例对象访问成员

当创建类的实例对象后，可以使用实例对象访问实例属性和实例方法。实例对象可以拥有自己的属性值，同时可以访问类的属性和方法。这种方式更适合处理实例特定的数据和方法。例如以下程序。

```
class MyClass:
    def __init__(self, value):
        self.instance_variable = value

    def instance_method(self):
```

```
        print("This is an instance method.")

obj = MyClass(5)   # 创建实例对象
print(obj.instance_variable)   # 通过实例对象访问实例的属性
obj.instance_method( )   # 通过实例对象调用实例的方法
```

任务实施

本任务要求新建一个 Python 文件“7–1.py”，通过两个案例，加深对类对象和实例对象的理解。

步骤 1　定义类 Person1，即创建类对象

```
class Person1(object):                          # 定义类 Person1
    @classmethod
    def print_str(cls):                         # 创建类方法
        print(" 类 Person1")                    # 方法内容为访问类属性
```

步骤 2　使用类对象访问类

```
print(" 通过类对象访问类方法结果 :",end='')       # 输出字符内容，end= 表示结尾不换行，为空
Person1.print_str( )                           # 调用类方法
```

步骤 3　使用实例对象访问类

```
p1=Person1( )                                  # 创建实例
print(" 通过实例访问类方法结果 :",end='')
p1.print_str( )
```

程序运行结果如下。

```
通过类访问类方法结果 : 类 Person1
通过实例访问类方法结果 : 类 Person1
```

结果汇报

思考使用类对象和直接调用方法的区别，将结果记录到下表中。

思考练习

1. 在进行程序设计时，直接使用类有什么弊端？
2. 类和实例的区别是什么？

任务 2 认识属性

任务目标

1. 熟悉实例属性和类属性的概念，并能正确区分。
2. 了解私有属性和公有属性的区别。
3. 了解 @property 修饰器的作用。
4. 能正确使用类属性和实例属性。

相关知识

在一个类中，数据成员是指在类定义内部声明的成员变量，也称为域。这些成员变量用来存储描述类特征的值，即属性。属性可以通过该类中定义的方法进行访问，同时可以通过类对象或实例对象进行访问。

属性实际上就是在类中的变量，而在 Python 中，变量不需要预先声明，可以直接使用。建议在类定义的开始位置初始化类对象的属性，或者在类的构造函数（通常是 __init__() 方法）中初始化实例对象的属性。这样可以确保在使用类或实例时，属性已经有了初始值，避免在使用过程中出现调用属性值错误等问题。

一、实例属性

通过“self. 变量名”定义的属性称为实例属性，也称为实例变量。类的每个实例都包含了该类的实例变量的一个单独副本，实例变量属于特定的实例。实例变量在类的内部通过 self 访问，在类的外部通过对象实例访问。

实例属性一般在 __init__() 方法中通过如下形式初始化。__init__() 为类的初始化函数，用于定义初始化程序或变量。

```
self. 实例变量名 = 初始值
```

在其他实例函数中通过 self 访问，具体如下。

```
self. 实例变量名 = 值                    # 写入
self. 实例变量名                          # 读取
```

或者在创建实例后通过实例访问，具体如下。

```
obj1= 类名 ()                             # 创建实例
obj1. 实例变量名 = 值                     # 写入
obj1. 实例变量名                          # 读取
```

二、类属性

在 Python 中，开发者可以声明属于类对象本身的变量，即类属性，也称为类变量或静态属性。与实例属性不同，类属性属于整个类，而不是特定实例的一部分，这意味着所有从该类创建的实例共享同一个属性副本。无论创建了多少个实例，这种属性的值对于该类的所有实例都是相同的。

这种在类级别定义的属性通常用于存储与整个类相关的常量、配置信息或者共享数据。通过在类定义内部直接声明，可以在所有实例中方便地访问和使用这些属性，而不必为每个实例分别定义相同的值。这样一来，类对象属性提供了一种有效的方式来管理和维护类级别的数据。

类属性一般在类体中通过如下形式初始化。

```
类变量名 = 初始值
```

在其定义的方法中或外部代码中通过类名访问，具体如下。

```
类名 . 类变量名 = 值                      # 写入
类名 . 类变量名                           # 读取
```

注意：类属性如果通过“obj. 属性名”来访问，则属于该类的实例属性。虽然类属性可以使用实例来访问，但容易造成困惑，所以建议用户不要这样使用，而是使用标准的访问方式“类名 . 类变量名”。

三、私有属性和公有属性

Python 类的成员没有访问控制限制，这与其他面向对象程序设计语言不同。Python 通常约定以两个下画线开头，但是不以两个下画线结束的属性是私有的，其他为公有的。尽管 Python 并没有严格的访问控制机制，但是约定是很重要的，在编写代码时尽量遵循这些约定，以便提高代码的可读性和可维护性。注意：不能直接访问私有属性，但可以在方法中访问。

四、@property 修饰器

面向对象编程的封装性原则强调不直接访问类中的数据成员，在 Python 中可以通过定义私有属性来实现，并且可以编写相应的用于访问这些私有属性的函数，用 @property 修饰器修饰这些函数。这种方式允许程序将这些函数当作属性来访问，从而提供了更加友好和灵活的访问方式。

@property 修饰器的默认行为是提供只读属性，这意味着开发者可以通过这些访问器函数读取属性的值，但不能直接对属性进行修改。如果有需要，还可以使用对应的 getter、setter 和 deleter 修饰器实现其他类型的访问器函数。通过这些修饰器，可以更精细地控制属性的读取、修改和删除操作，同时能在属性被访问或修改时执行一些额外的操作，以实现更丰富的数据管理和封装。

任务实施

本任务要求通过一个案例，加深对类属性和实例属性的认识。

步骤 1　自定义类

创建 Python 文件“7–2.py”，自定义一个类，在类中定义一个类属性和一个含实例属性的类方法。

```
class Test:
    name1=" 类属性 :name1"
    def __init__(self):
        self.name2=" 实例属性 :name2"
```

步骤 2　输出类属性和实例属性的内容

```
print(Test.name1)
t=Test( )
print(t.name2)
```

程序运行结果如下。

```
类属性 :name1
实例属性 :name2
```

结果汇报

记录对类属性和实例属性的理解。

💡 思考练习

1. 类属性和实例属性的区别是什么？

2. 比较类属性和实例属性的使用方法，思考在实际开发中需要定义属性时该如何选择。

任务 3 认识方法

任务目标

1. 了解方法的概念。
2. 熟悉常用的方法并能灵活运用。
3. 了解方法的重载。
4. 能正确定义和使用方法。

相关知识

方法是与类相关的函数，类方法的定义与普通的函数一致。

一、实例方法

一般情况下，类方法的第一个参数一般为 self，这种方法称为实例方法。实例方法对类的某个给定的实例进行操作，可以通过 self 显式地访问该实例。

实例方法的声明格式如下。

```
def 方法名 (self,[ 形参列表 ]):
    函数体
```

实例方法的调用格式如下。

```
对象 . 方法名 ([ 实参列表 ])
```

虽然类方法的第一个参数为 self，但调用时用户不需要也不能给该参数传递值。事实上，Python 会自动把实例传递给该参数。

注意：Python 中的 self 等价于 C++ 中的 self 指针和 Java、C# 中的 this 关键字。虽然没有限制第一个参数名必须为 self，但建议遵循惯例，这样便于阅读和理解，且集成开发环境也会提供相应的支持。

二、静态方法

Python 允许声明与类的实例无关的方法，即静态方法。静态方法不对特定实例进行操作，在静态方法中访问实例会导致错误。静态方法通过修饰器 @staticmethod 定义，其声明格式如下。

```
@staticmethod
def 静态方法名 ([ 形参列表 ]):
    函数体
```

静态方法一般通过类名访问，也可以通过实例调用。其调用格式如下。

```
类名 . 静态方法名 ([ 实参列表 ])
```

三、类方法

在 Python 中可以声明属于类本身的方法，即类方法。不同于普通的实例方法，类方法不会对特定的实例进行操作。在类方法中尝试访问对象实例会导致错误。为了定义类方法，需要使用修饰器 @classmethod，并将第一个形参设置为类对象本身，通常命名为 cls。类方法的声明格式如下。

```
@classmethod
def 类方法名 (cls,[ 形参列表 ]):
    函数体
```

类方法一般通过类名访问，也可以通过实例调用。其调用格式如下。

```
类名.类方法名([实参列表])
```

注意：尽管类方法的第一个参数被命名为 cls，但在调用时，用户不需要也不能给该参数传递值。Python 会自动将类传递给这个参数。类和实例不同。在 Python 中，类本身也被视为对象。当调用用子类继承自父类的类方法时，传递给 cls 的是子类对象，而不是父类对象。

四、__new__() 方法和 __init__() 方法

在 Python 的类体中，还可以定义一些特殊的方法，如 __new__() 方法和 __init__() 方法。

__new__() 方法是一个类方法，在创建对象时被调用，它返回当前对象的一个实例。通常情况下，不需要重载这个方法，因为 Python 会自动处理对象的创建过程。

__init__() 方法即构造函数（构造方法），用于在对象创建完成后进行初始化工作。该方法在对象被创建后立即调用，它负责初始化当前对象的实例属性等。该方法没有返回值。

五、__del__() 方法

__del__() 方法即析构函数（析构方法），用于实现销毁类的实例所需的操作，如释放对象占用的非托管资源（如打开的文件、网络连接等）。

默认情况下，当对象不再被使用时运行 __del__() 方法。由于 Python 解释器实现自动垃圾回收，所以无法明确这个方法究竟在什么时候运行。

通过 del 语句可以强制销毁一个实例，从而保证调用实例的 __del__() 方法。

六、私有方法和公有方法

与私有属性类似，Python 约定以两个下画线开头，但不以两个下画线结束的方法是私有的，其他为公有的。以双下画线开始和结束的方法是 Python 专有的方法。注意：不能直接访问私有方法，但可以在其他方法中访问。

七、方法的重载

在许多程序设计语言中方法可以重载，即可以定义多个重名的方法，只要保证方法签名是唯一的即可。方法签名包括 3 个部分，即方法名、参数数量和参数类型。

Python 本身是动态语言，方法的参数没有声明类型（在调用传值时确定参数的类型），参数的数量由可选参数和可变参数控制，故 Python 对象方法不需要重载，定义一个方法即可实现多种调用，从而实现相当于其他程序设计语言的重载功能。

注意：在 Python 类体中定义多个重名的方法虽然不会报错，但只有最后一个方法有效，因此建议不要定义重名的方法。

任务实施

本任务要求通过一个案例来加深用户对方法的理解。

本任务编程思路：创建类，自定义类中的方法，然后在主程序中实例化类，通过“对象 . 方法”的形式调用类中的方法，最后删除对象。

程序流程如图 7-3-1 所示。

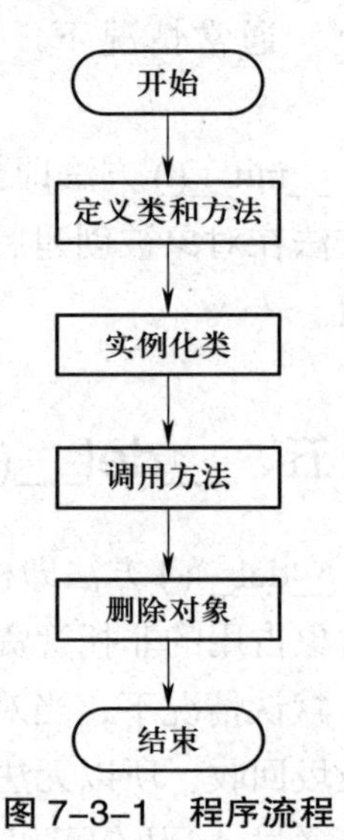

图 7-3-1 程序流程

步骤 1 定义方法

创建 Python 文件“7-3.py”，定义一个 Test 类，在类内部，先定义一个类属性，赋值为类的名称，然后定义一个实例方法、一个静态方法、一个类方法，以及两个特殊方法：__init__() 和 __del__()。

```
class Test:
    class_name='Test'
    def method1(self):
        print(" 我是实例方法 ")
    @staticmethod
    def method2(string1):
        print(string1)
    @classmethod
    def method3(cls):
        print(" 我是类方法，类名是 :%s" % cls.class_name)
    def __init__(self):
        print(" 实例化对象成功 ")
    def __del__(self):
        print(" 对象实例已销毁 ")
```

步骤 2 实例化类

```
t=Test()
```

步骤 3 调用方法

分别调用对象实例方法、静态方法、类方法。

```
t.method1()                              # 调用实例方法
t.method2(" 我是静态方法 ")              # 调用静态方法
t.method3()                              # 调用类方法
```

步骤 4 删除对象 t

```
del t
```

程序运行结果如下。

```
实例化对象成功
我是实例方法
我是静态方法
我是类方法，类名是 :Test
对象实例已销毁
```

结果汇报

总结本任务所介绍的静态方法、类方法以及各种特殊方法的适用场景和使用要求。

思考练习

1. 在实际开发中，定义和使用方法应如何选择？
2. __init__() 方法有什么作用？

任务 4 认识继承

任务目标

1. 了解派生类的使用方法。
2. 了解查看继承层次关系的方法。
3. 了解类成员的继承和重写。
4. 能正确使用继承。

相关知识

一、派生类

Python 支持多重继承，即一个派生类可以继承多个基类。派生类的声明格式如下。

```
class 派生类名 ( 基类 1,[ 基类 2,…]):
    类体
```

其中，派生类名后为所有基类的名称元组。如果在类定义中没有指定基类，则默认其基类为 object。object 是所有对象的根基类，定义了公用方法的默认实现，如 __new__() 方法。例如以下程序。

```
class Foo:
    pass
```

等同于以下程序。

```
class Foo(object):
    pass
```

在声明派生类时，必须在其构造函数中调用基类的构造函数，其调用格式如下。

```
基类名 .__init__(self, 参数列表 )
```

二、查看继承的层次关系

多个类的继承可以形成层次关系，通过类的方法 mro() 或类的属性 __mro__ 可以输出其继承的层次关系。

三、类成员的继承和重写

通过继承，派生类继承基类中除构造方法之外的所有成员。如果在派生类中重新定义从基类继承的方法，则在派生类中定义的方法将覆盖从基类中继承的方法。

任务实施

本任务要求通过实现两个案例（计算圆和矩形的面积），加深对继承的理解。

本任务编程思路：先定义基类，然后定义两个类继承基类，分别实现不同的功能，主程序实例化对象并调用方法。

程序流程如图 7-4-1 所示。

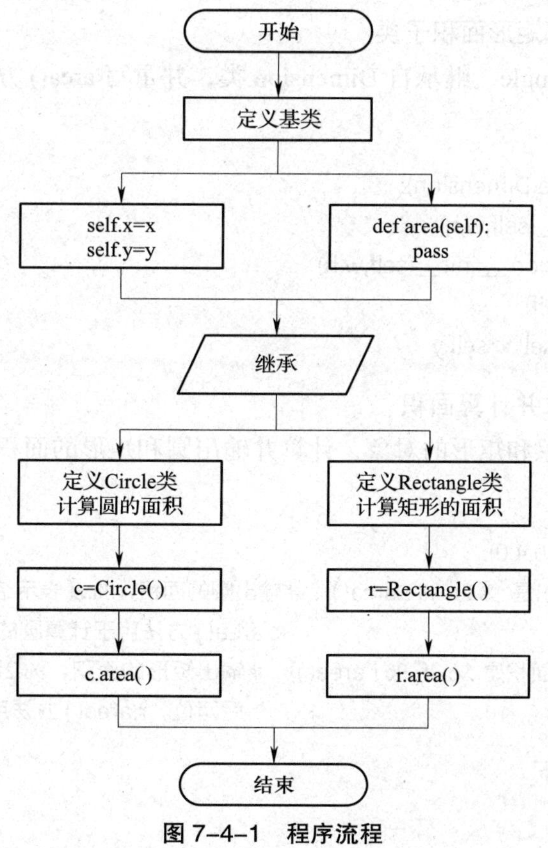

图 7-4-1 程序流程

步骤 1　创建基类

创建 Python 文件“7–4.py”，定义一个类 Dimension 作为基类，在类中定义基类方法和构造函数，构造函数能够接受两个参数。

```
class Dimension:
    def __init__(self,x,y):
        self.x=x
        self.y=y
    def area(self):
        pass
```

步骤 2　定义计算圆面积子类

定义一个类 Circle，继承自 Dimension 类，并重写 area() 方法，用于计算圆的面积并返回面积值。

```
class Circle(Dimension):
    def __init__(self,r):
        Dimension.__init__(self,r,0)
    def area(self):
        return 3.14*self.x*self.x
```

步骤 3　定义计算矩形面积子类

定义一个类 Ractangle，继承自 Dimension 类，并重写 area() 方法，用于计算矩形的面积并返回面积值。

```
class Rectangle(Dimension):
    def __init__(self,w,h):
        Dimension.__init__(self,w,h)
    def area(self):
        return self.x*self.y
```

步骤 4　创建对象并计算面积

分别创建圆的对象和矩形的对象，计算并输出圆和矩形的面积。

```
c=Circle(2.0)
r=Rectangle(2.0,4.0)
print(" 圆的面积是 :%.2f" % c.area())   # 输出圆的面积，%.2f 表示结果保留小数点后两位。
                                        c.area() 方法用于计算圆的面积
print(" 矩形的面积是 :%.2f" % r.area())   # 输出矩形的面积，%.2f 表示结果保留小数点
                                          后两位。r.area() 方法用于计算矩形的面积
```

程序运行结果如下。

圆的面积是 :12.56
矩形的面积是 :8.00

结果汇报

结合上一任务，试总结在继承类时，各种类方法在子类中会如何表现，将结论记录到下表中。

思考练习

1. 面向对象的继承这一特征在实际开发中有什么作用？
2. 派生类继承基类时需要注意什么？

任务 5 认识可迭代对象——迭代器和生成器

任务目标

1. 了解可迭代对象的定义。
2. 了解迭代器的作用。
3. 熟悉生成器函数并能正确使用。

相关知识

可循环迭代的对象称为可迭代对象，迭代器和生成器函数是可迭代对象，Python 提供了定义迭代器和生成器的协议及方法。

相对于序列，迭代器仅在迭代时产生数据，故可以节省内存空间。Python 提供了若干内置的可迭代对象，如 range、map、filter、enumerate、zip；在标准库 itertools 模块中包含各种迭代器，这些迭代器非常高效且内存消耗小。迭代器既可以单独使用，又可以组合使用。

一、可迭代对象

在 Python 中，实现了 __iter__() 的对象就是可迭代对象。在“collections.abc”模块（Python 标准库中的一个模块，它提供一些抽象基类来定义和实现各种集合类的接口和行为）中定义了抽象基类 Iterable，使用内置的 isinstance 函数可以判断一个对象是否为可迭代对象。序列对象都是可迭代对象，生成器函数和生成器表达式也是可迭代对象。例如以下程序。

```
import collections.abc
print(isinstance((1,2,3),collections.abc.Iterable))
print(isinstance('python33',collections.abc.Iterable))
print(isinstance(123,collections.abc.Iterable))
```

程序运行结果如下。

```
True
True
False
```

二、迭代器

同时实现了 __next__() 和 __iter__() 的对象是迭代器，可以使用内置函数 next 调用迭代器的 __next__() 方法，依次返回下一个项目值，如果没有新项目，将引发 StopIteration 异常。

使用迭代器可以实现对象的迭代循环，迭代器让程序更加通用、高效。对于大量项目的迭代，使用列表会占用许多内存，而使用迭代器可以避免这个问题。

三、生成器函数

在进行函数定义时，如果使用 yield 语句代替 return 语句返回一个值，则定义了一个生成器函数（generator）。

生成器函数使用 yield 语句返回一个值，然后保存当前函数的整个执行状态，等待下一次调用。生成器函数是一个迭代器，是可迭代对象，支持迭代。例如以下程序。

```
def gentripls(n):
    for i in range(n):
        yield i*3
f=gentripls(10)
i=iter(f)               # 通过内置函数 iter 获得迭代器
next(i)                 # 通过内置函数 next 获得下一个项目：0
next(i)                 # 通过内置函数 next 获得下一个项目：3
for t in f:
    print(t,end=' ')
```

程序运行结果如下。

```
6  9  12  15  18  21  24  27
```

任务实施

本任务要求通过案例加深对生成器的理解。

步骤 1　创建数列

创建 Python 文件“7–5.py”，利用生成器函数创建斐波那契数列。

```
def fib():
    a,b=0,1          # 前两项值
    while 1:
        a,b=b,a+b
        yield a          #f(n)=f(n-1)+f(n-2)
```

步骤 2　数据输出

输出斐波那契数列中数字小于 1 000 的部分。

```
if __name__=='__main__':
    fibs=fib()
    for f in fibs:
        if f<1000:
            print(f,end=',')
        else:
            break
```

程序运行结果如下。

```
1,1,2,3,5,8,13,21,34,55,89,144,233,377,610,987,
```

结果汇报

总结可迭代对象和迭代器的区别，将结果记录到下表中。

思考练习

1. 迭代器在 Python 开发中有什么作用？
2. Python 的常用迭代器有哪些？

项目八 Python 模块和包

Python 提供了强大的模块支持，主要体现在 Python 标准库中不仅包含了大量的模块（称为标准模块），还有大量的第三方模块，开发者也可以开发自定义模块。通过这些强大的模块可以极大地提高开发者的开发效率。当创建的模块较多时，功能相似的模块可以使用包组成层次组织结构，以便于维护和使用。本项目主要介绍模块和包的导入及使用方法。

项目任务

✧ 任务 1　模块的导入和使用

✧ 任务 2　包的导入和使用

建议学时

6 学时

任务1 模块的导入和使用

任务目标

1. 了解模块的概念。
2. 了解模块化编程的概念。
3. 了解模块化程序设计的优越性。
4. 熟悉模块的设计与实现方法。
5. 掌握模块的导入、使用和重新加载方法。
6. 掌握模块中成员的导入方法。
7. 能进行模块及其元素的导入并调用模块。

相关知识

一、模块的概念

在前面的项目中已经使用了很多模块（如 string、time 等），通过向程序中导入这些模块，可以使用很多“现成”的函数实现需要的功能。

模块就是 Python 程序。换句话说，任何 Python 程序都可以作为模块。经过前面的学习，我们已经能够将 Python 代码写到一个文件中，但随着程序功能越来越复杂，程序体积会不断变大，为了便于维护，通常会将其分为多个文件（模块），这样不仅可以提高代码的可维护性，还可以提高代码的可重用性。

代码的可重用性体现在，当编写好一个模块后，只要编程过程中需要用到该模块中的某个功能（由变量、函数、类实现），无须做重复性的编写工作，直接在程序中导入该模块即可使用该功能。

前面讲了封装，并且介绍了很多具有封装特性的结构，如诸多容器（列表、元组、字符串、字典等），它们都是对数据的封装；函数是对 Python 代码的封装；类是对方法和属性的封装，也可以说是对函数和数据的封装。模块可以理解为对代码更高级的封装，即把能够实现某一特定功能的代码编写在同一个 Python 文件中，并将其作为一个独立的模块，这样既可以方便其他程序或脚本导入并使用，又能有效避免函数名和变量名发生冲突。

例如，在某一目录下（桌面也可以）创建一个名为“hello.py”的文件，其包含的代码如下。

```
def say():
    print("Hello,World!")
```

在同一目录下，再创建一个名为“say.py”的文件，其包含的代码如下。

```
import hello    # 通过 import 关键字，将 "hello.py" 模块导入此文件
hello.say()
```

运行“say.py”文件，结果如下。

```
Hello,World!
```

由上述程序可知，“say.py”文件中使用了原本在“hello.py”文件中才有的 say 函数，相对于“say.py”来说，“hello.py”就是一个自定义的模块（有关自定义模块，后续会做详细讲解），只需要将“hello.py”模块导入“say.py”文件，就可以直接在“say.py”文件中使用“hello.py”模块中的资源。

与此同时，当调用“hello.py”模块中的 say 函数时，使用的语法格式为“模块名 . 函数”，这是因为，相对于“say.py”文件，“hello.py”文件中的代码自成一个命名空间，因此，在调用其他模块中的函数时，需要明确指明函数的出处，否则 Python 解释器会报错。

二、模块化编程

1. 模块化程序设计

在进行程序设计时，将系统按照功能划分为若干部分，每个部分完成特定功能，通过在不同部分间建立联系实现互相协作，完成系统功能的方式称为模块化程序设计，这些提供计算功能的程序块称为模块（或函数模块），导入并使用这些模块的程序称为客户端程序。使用模块可以将计算任务分解为大小合理的子任务，并实现代码的重用。

2. 模块的 API

在模块化程序设计中，客户端使用模块所提供的函数时，无须深入了解函数的内部实现细节。模块与客户端之间的协定称为 API（application programming interface，应用程序接口）。API 清楚地描述了模块中提供的函数的功能和使用方法。

模块化程序设计的基本原则是，首先设计好 API，即定义模块所提供的函数或类的功能描述。然后，在此基础上编写具体的程序代码实现模块中的函数或类。最后，客户端可以通过导入模块，并使用其中的函数或类，实现所需的功能，而无须关心其内部的具体实现细节。

通过内置函数 help 可以查看 Python 模块的 API。其语法格式如下。

```
import 模块名
help( 模块名 )
```

在查看模块的 API 之前，需要使用 import 语句导入模块，也可以使用 Python 在线帮助查看模块的 API。

3. 模块的实现

“实现”是指实现用于重用的函数或类的代码，模块的实现就是若干实现函数或类的代码的集合，保存在扩展名为“.py”的文件中。

模块的实现必须遵循 API，可以采用不同算法实现 API，这为模块的改进和版本升级提供了无缝对接，只需要使用遵循 API 的新的实现，所有客户端程序无须修改即可正常运行。

模块通常是使用 Python 编写的程序（“.py”文件）。Python 内置模块使用 C 编写并已链接到 Python 解释器中，还可以使用 C 或 C++ 拓展编写模块（编译为共享库或 DLL 文件）。

4. 模块的客户端

客户端在使用模块时，需要遵循模块所提供的 API 调用接口，以导入和调用模块中已实现的函数功能。

API 的存在使得任何客户端都可以直接使用模块，而无须深入检查模块内部的代码实现。例如，可以直接使用如 math 和 random 这样的模块，而不需要了解这些模块中具体的代码细节。

三、模块化程序设计的优越性

模块化程序设计是现代程序设计的基本理念之一，具有如下优越性。

（1）可以编写大规模的系统程序：通过把复杂的任务分解为多个子任务，团队合作开发，以完成大规模的系统程序。

（2）控制程序的复杂度：分解后的子任务的实现模块代码规模一般被控制在数百行之内，从而可以控制程序的复杂度，各代码调试可以限制在少量的代码范围内。

（3）实现代码重用：一旦实现了通用模块（如 math、random 等），任何客户端都可以通过导入模块直接重用代码，而无须重复实现。

（4）增强程序的可维护性：模块化程序设计可以增强程序的可维护性。通过改进一个模块的实现，可以使得使用该模块的客户端同时被改进。

四、模块的设计与实现

1. 模块设计的一般原则

（1）先设计 API，再实现模块。

（2）控制模块的规模，只为客户端提供需要的函数。实现包含大量函数的模块会导致模块的复杂度高。例如，在 Python 的 math 模块中就不包含正割函数、余割函数和余切函数，因为这些函数很容易通过 math.sin()、math.cos() 和 math.tan() 等方法计算得到。

（3）在模块中编写测试代码，并消除全局代码。

（4）使用私有函数实现不被外部客户端调用的模块函数。

（5）通过文档提供模块帮助信息。

2. API 设计

API 通常由可用函数的签名的精确规范和描述函数作用的非正式自然语言两部分组成。API 一般使用表格的形式描述模块中的变量、函数和类。

在编写一个新模块时，建议先设计 API，然后实现模块。

例如，设计一个实现四则运算的模块的 API，设计结果见表 8–1–1。

表 8–1–1 API 设计结果

函数调用	功能描述	函数调用	功能描述
add(x,y)	加法函数 add(x,y)	mul(x,y)	乘法函数 mul(x,y)
sub(x,y)	减法函数 sub(x,y)	div(x,y)	除法函数 div(x,y)

3. 创建模块

Python 模块对应于包含 Python 代码的源文件（其扩展名为“.py”）。

在模块中除了可以定义变量、函数和类，还可以包含一般的语句，即主块语句。当运行该模块或导入该模块时，主块语句将依次执行。

一般而言，独立运行的源码中主要包含主块语句，以实现响应的功能。作为库的模块，主要包含可供调用的变量、函数和类，还可以包含用于测试的主块代码。注意：主块代码只在模块第一次被导入时执行，重复导入时不会多次导入、多次执行。

4. 模块的私有函数

在实现模块时，有时候需要在模块中定义仅在模块中使用的辅助函数。辅助函数不提供给客户端直接调用，故称之为私有函数。按惯例，应使用以下画线开始的函数名作为私有函数名。私有函数在客户端不能直接调用，故 API 中不包括私有函数。Python 没有强制不允许调用私有函数的机制，但应避免直接调用私有函数。

5. 模块的测试代码

每一个模块都有一个名称，通过特殊变量 __name__ 可以获取模块的名称。

特别地，当一个模块被用户单独运行时，其 __name__ 的值为 '__main__'，故可以把模块源码文件的测试代码写在相应的测试判断中，以保证只有单独运行模块时才会运行测试代码。示例如下。

```
def print_num():                        # 创建函数
    number=5                            # 创建函数中的变量
    print(number)                       # 输出函数中的变量
if __name__=='__main__':                # 执行下方程序中的内容
    print_num()                         # 调用函数
```

运行结果如下。

```
5
```

6. 编写模块文档字符串

在程序源码中，可以在特定的地方添加描述性文字，以说明包、模块、函数、类、类方法的相关信息。

在函数的第一个逻辑行的字符串称为函数的文档字符串。函数的文档字符串用于提供有关函数的帮助信息。

文档字符串一般遵循下列惯例：文档字符串是一个多行字符串；首行以大写字母开始，以句号结尾；第二行是空行；从第三行开始是详细的描述。

用户可以使用以下三种方法抽取函数的文档字符串帮助信息。

（1）使用内置函数 help。

（2）使用函数的特殊属性：函数名 .__doc__。

（3）使用第三方自动化工具抽取文档字符串信息，以形成帮助文档。

7. 按字节编译的“.pyc”文件

在导入模块时，Python 解释器为提高程序的启动速度，会在与模块文件同一目录的 __pycache__ 子目录下生成“.pyc”文件。

“.pyc”文件是经过编译后的字节码，这样下次导入时如果模块源码“.py”文件没有修改（通过比较两者的时间戳），则直接导入“.pyc”文件，从而提高编程效率。

按字节编译的“.pyc”文件在导入时由 Python 解释器自动完成，无须手动编译。

五、导入模块和使用模块

1. 通过 import 语句导入模块

使用 import 语句可以导入模块。其基本形式如下。

```
import 模块名                          # 导入模块
import 模块 1, 模块 2,…, 模块 n        # 导入多个模块
import 模块名 as 模块别名              # 导入模块并使用别名
```

其中，模块名是要导入的模块的名称。注意：模块名区分大小写。

2. 通过内置函数 __import__ 导入模块

使用内置函数 __import__ 可以动态导入模块。其基本形式如下。

```
_m=__import__(name)                    # 将模块 name 导入 _m
```

内置函数 __import__ 有较大的灵活性，如要导入的模块 name 可以是计算的结果字符串，但一般不直接使用。事实上，import 语句在内部调用该函数。示例如下。

```
s='os'+'.'+'path'
_m=__import__(s)
_m.curdir                              # 用于表示当前目录的路径
```

3. 使用模块

一般在 Python 源程序的开始位置导入其他模块。在导入模块后，可以使用全限定名称访问模块中定义的成员，即

```
模块名 . 函数名 / 变量名
```

六、导入模块中的成员

Python 使用 from...import 语句直接导入模块中的成员。其基本形式如下。

```
from 模块名 import 成员名              # 导入模块中的具体成员
成员名                                 # 直接调用
```

如果希望同时导入一个模块中的多个成员，可以采用以下形式。

```
from 模块名 import 成员名 1, 成员名 2,…, 成员名 n
```

如果希望同时导入一个模块中的所有成员，则可以采用以下形式。

```
from 模块名 import *
```

注意：虽然 from...import 语句可以简化代码，但应避免使用，因为这样可能导致名称冲突（如导入多个模块时，多个模块中可能存在同一个名称的函数），且导致程序的可读性差（如导入多个模块时，无法准确确定某个名称的函数具体属于哪一个模块）。

七、重新加载模块

importlib 模块中的 reload 函数用于重新加载之前导入过的模块，一般用于交互式执行 Python 代码不退出解释器的情况，重新加载已更改的 Python 模块。需要注意的是，重新加载内存中不存在的模块（未导入过）会导致运行错误。

任务实施

本任务要求通过编程学习模块的导入和使用。

本任务编程思路：在程序首部导入所需的模块，通过“模块名 . 函数名”的形式使用模块。

程序流程如图 8-1-1 所示。

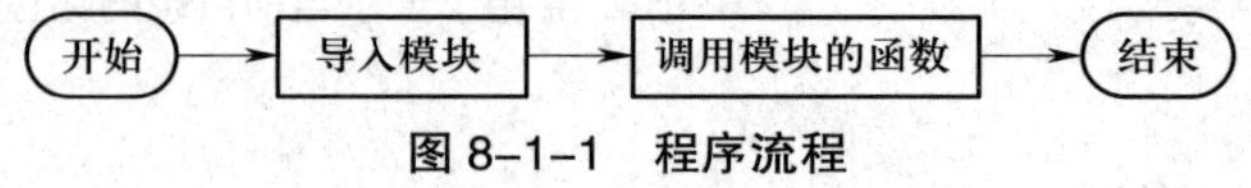

图 8-1-1　程序流程

步骤 1　导入模块

创建 Python 文件“8-1.py”，导入 math、random、datetime 模块。

```
import math,random
import datetime as dt
```

步骤 2　导入元素

从 math 模块导入 pi 和 sin。

```
from math import pi,sin
```

步骤 3　调用模块

```
print(" 圆周率 ( 保留两位小数 ) 是 :%.2f" % math.pi)
print(" 产生的随机数（0-10）是 :%d" % random.randint(0,11))
print(" 当前时间是 :%s" % dt.date.today( ))
print("90°的正弦值是 :%f" % sin(pi/2))
```

程序运行结果如下。

```
圆周率(保留两位小数)是:3.14
产生的随机数(0-10)是:3
当前时间是:2023-07-28
90°的正弦值是:1.000000
```

在上面的程序中，%d、%f、%s 等符号是 Python 字符串格式化中的占位符，用于在字符串中插入不同类型的变量值。%d 用于格式化整数，可以插入整数类型的变量；%f 用于格式化浮点数，可以插入浮点数类型的变量，若以 %.2f 表示则代表保留两位小数；%s 用于格式化字符串，可以插入字符串类型的变量。

结果汇报

总结导入和使用模块的流程及注意事项。

思考练习

1. 什么是模块？
2. 模块是如何导入解释器的？分别有哪几种方法？

任务 2 包的导入和使用

任务目标

1. 了解包的基本概念。
2. 掌握包的创建、导入和使用方法。
3. 能正确地从包中导入模块，实例化函数并输出对象地址。

相关知识

一、Python 的包

Python 模块是“.py”文件，而包是文件夹。通常，只要文件夹中包含一个特殊的文件“__init__.py”，Python 解释器就将该文件夹作为包，其中的模块文件（“.py”文件）属于包中的模块。

特殊文件“__init__.py”可以为空，也可以包含属于包的代码，当导入包或该包中的模块时执行“__init__.py”。

包可以包含子包，没有层次限制。使用包可以有效避免名称空间冲突。

二、创建包

包和模块组成的层次组织结构对应文件夹和模块文件。

创建包，首先需要在指定目录中创建对应包名的目录，然后在该目录下创建一个特殊文件“__init__.py”，最后在该目录下创建模块文件。

三、包的导入和使用

在使用 import 语句导入包中的模块时需要指定对应的包名。其基本形式如下。

```
import[ 包名 1.[ 包名 2 …]]. 模块名   # 导入包中模块
```

其中，包名是模块的上层组织包的名称。注意：包名和模块名区分大小写。

在导入包中的模块后，可以使用全限定名称访问包中模块定义的成员。其基本形式如下。

```
[ 包名 1.[ 包名 2 …]]. 模块名 . 函数名   # 使用全限定名称调用模块中的成员
```

用户也可以使用 from...import 语句直接导入包中模块的成员。其基本形式如下。

```
from[ 包名 1.[ 包名 2 …]]. 模块名 import 成员名
```

同一个包 / 子包的模块，可以直接导入相同包 / 子包的模块，而不需要指定包名。这是因为同一个包 / 子包的模块位于同一个目录下。例如，如果包 A 中包含模块 M1 和 M2，则在模块 M2 中可以通过 import M1 直接导入模块 M1。

当直接导入包时（import 包名），将执行包目录下的“__init__.py”（其中创建的名称有效），但不会导入包目录下的模块和子包（子目录）。例如：

```
import xml
xml.dom
```

运行程序会提示以下错误（xml 包没有 dom 属性）。

```
AttributeError:module 'xml' has no attribute 'dom'
```

任务实施

本任务要求进行包的导入和使用的简单练习。

步骤 1　导入模块

从 xml.dom 包中导入 minidom 模块。

```
from xml.dom import minidom
```

步骤 2　实例化函数

对包中模块里的函数进行实例化，产生 Python 对象并输出对象地址。

```
# 调用导入的 minidom 模块，使用模块的 Document() 方法
# 将结果送到 doc 变量中
doc = minidom.Document()
print(doc)                          # 输出 doc 变量中的内容
```

程序运行结果如下。

```
<xml.dom.minidom.Document object at 0x000001A89FB3CDC8>
```

结果汇报

总结包的导入和使用及模块的导入和使用的区别。

思考练习

1. 在 Python 中包和模块是什么关系？包和模块组成的层次组织结构分别对应什么？
2. 在 Python 中创建包的基本步骤是什么？

项目九 Python 文件操作

和其他编程语言一样，Python 也具有操作文件的能力，如打开文件、读取和追加数据、插入和删除数据、关闭文件、删除文件等。

除了提供文件操作的基本函数之外，Python 还提供了很多模块，如 fileinput 模块、pathlib 模块等，通过引入这些模块，可以获得大量实现文件操作可用的函数和方法（类属性和类方法），大大提高编写代码的效率。本项目主要介绍文件及其相关操作。

项目任务

✧ 任务 1　认识文件
✧ 任务 2　使用文件操作函数完成文本的读写
✧ 任务 3　Python 不同文件模块的使用
✧ 任务 4　基于文件操作的异常处理

建议学时

6 学时

任务1 认 识 文 件

任务目标

1. 了解文件路径的基本概念。
2. 了解文件的两种路径。
3. 了解文件操作基础。

相关知识

一、文件路径

在程序运行时，变量是临时存储数据的一种方式，一旦程序结束，这些数据将会丢失。如果希望在程序结束后数据仍然保留，就需要将数据保存到文件中。Python 提供了内置的文件对象以及操作文件和目录的内置模块，通过这些技术，可以轻松地将数据存储到文件中。

文件有两个重要属性：文件名和路径。文件名是为每个文件设置的名称，而路径则用来指明文件在计算机中的位置。例如，一个文件名为“projects.docx”的文件（文件名中最后的部分称为文件的“扩展名”，用于指示文件的类型），它的路径为“D:\demo\exercise”，即该文件位于 D 盘“demo”文件夹中的“exercise”子文件夹里。通过文件名和路径可以分析出，“projects.docx”是一个 Word 文档，“demo”和“exercise”都是指“文件夹”（也称目录）。文件夹可以包含文件和其他文件夹，例如，“projects.docx”在“exercise”文件夹中，该文件夹又在“demo”文件夹中。

注意：路径中的“D:\”是指“根文件夹”，它包含了所有其他文件夹。在 Windows 系统中，根文件夹名为“D:\”，也称“D:”盘。在 OS X 和 Linux 系统中，根文件夹是“/”。本教材的示例使用的是 Windows 风格的根文件夹，如果在 OS X 或 Linux 系统中输入交互式环境的例子，应用“/”代替。

另外，附加卷（如 DVD 驱动器或 USB 闪存驱动器）在不同的操作系统中的表示形式也不同。在 Windows 系统中，它们表示为新的、带字符的根驱动器，如“D:\”或“E:\”；在 OS X 系统中，它们表示为新的文件夹，在“/Volumes”文件夹下；在 Linux 系统中，它们表示为新的文件夹，在“/mnt”文件夹下。同时要注意，虽然文件夹名称和文件名在 Windows 和 OS X 系统中是不区分大小写的，但在 Linux 系统中需要区分大小写。

在 Windows 系统中，书写路径时使用反斜杠“\”作为文件夹之间的分隔符。在 OS X 和 Linux 系统中，使用正斜杠“/”作为路径分隔符。如果想要程序能够运行在所有操作系统中，在编写程序时，就必须处理这两种情况。可以用 os.path.join 函数来实现。如果将单个文件和路径上的文件夹名称的字符串传递给 os.path.join 函数，则它会返回一个文件路径的字符串，包含正确的路径分隔符。

在交互式环境中输入如下代码。

```
>>>import os
>>>os.path.join('demo','exercise')
'demo\\exercise'
```

因为此程序是在 Windows 系统中运行的，所以 os.path.join('demo','exercise') 返回 'demo\\exercise'（注意：反斜杠有两个，因为每个反斜杠需要由另一个反斜杠字符来转义）。如果在 OS X 或 Linux 系统中调用这个函数，该字符串就会是 'demo/exercise'。

如果需要创建带有文件名的文件存储路径，同样可以使用 os.path.join 函数。例如，将一个文件名列表中的名称添加到文件夹名称的末尾，其代码如下。

```
import os
myFiles=['accounts.txt','details.csv','invite.docx']
for filename in myFiles:
    print(os.path.join('C:\\demo\\exercise',filename))
```

程序运行结果如下。

```
C:\demo\exercise\accounts.txt
C:\demo\exercise\details.csv
C:\demo\exercise\invite.docx
```

二、绝对路径和相对路径

绝对路径能够完整地表示出文件的真实位置，并且可以根据这个路径层级找到文件。在 Windows 系统中可以通过“Shift+ 鼠标右键”单击文件调出文件的绝对路径。

调出文件绝对路径的方法如图 9-1-1 所示，先按住 Shift 键，把光标移至需要获取绝对路径的文件图标处，单击鼠标右键，在弹出的菜单中选择“复制文件地址”命令，即可将其绝对路径复制到剪贴板处。

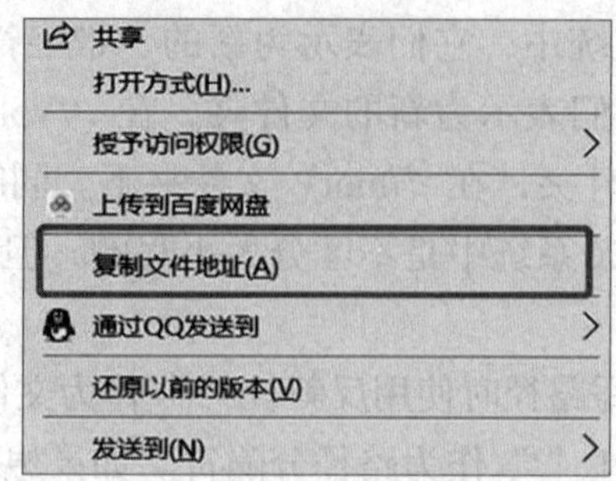

图 9–1–1　调出文件绝对路径的方法

相对路径即相对于当前工作文件夹，目标文件夹的路径。以 Windows 系统为例，“.\”代表当前目录，“..\”代表上一层目录，“\”代表根目录。例如，当前工作目录为“C:\Windows\System32”时，若文件“demo.txt”位于“System32”文件夹中，则“demo.txt”的相对路径表示为“.\demo.txt”。若需要使用相对路径，就需要准确查找当前工作文件夹的路径，查看当前工作文件夹所在目录的方法之一如下。

```
import os
path1=os.path.abspath('')
print(path1)
```

注意：“相对路径 + 文件路径”必须为文件的绝对路径。

三、文件操作基础

Python 中对文件的操作有很多种，常见的操作包括创建、删除、修改、读取、写入等，这些操作可大致分为以下两类。

（1）文件的基本操作：作用于文件本身，属于系统级操作。

• 创建文件：使用内置的 open 函数创建一个新文件，并返回一个文件对象。可以指定文件的名称、打开模式和编码等参数。

• 删除文件：使用 os.remove 函数删除指定的文件。

• 修改权限：使用 os.chmod 函数修改文件的权限。可以设置文件的所有者、组和其他用户的权限。

• 重命名文件：使用 os.rename 函数重命名指定的文件。

• 移动文件：使用 shutil.move 函数移动指定的文件到新的位置。

（2）文件的读写操作：最常用的文件操作，作用于文件的内容，属于应用级操作。

• 读取文件：使用文件对象的 read( ) 方法读取文件内容。可以一次读取全部内容，也可以按行读取。

• 写入文件：使用文件对象的 write( ) 方法写入内容。可以一次写入一行或一次写入多行。

其中，对文件的系统级操作功能单一，比较容易实现，可以借助 Python 中的专用模块（os、sys 等），并调用模块中的指定函数实现。例如，假设如下代码文件的同级目录中有一个文件“a.txt”，通过调用 os 模块中的 remove 函数，可以将该文件删除，具体实现代码如下。

```
import os
os.remove("a.txt")
```

而对于文件的应用级操作，通常需要按照固定的步骤进行操作，且实现过程相对较复杂。

文件的应用级操作可以分为以下 3 步，每一步都需要借助对应的函数实现。

- 打开文件：使用 open 函数，该函数会返回一个文件对象。
- 对已打开的文件做读 / 写操作：读取文件内容可以使用 read、readline 以及 readlines 函数；向文件中写入内容可以使用 write 函数。
- 关闭文件：完成对文件的读 / 写操作之后，需要关闭文件，可以使用 close 函数。

一个文件，必须在打开之后才能对其进行操作，并且在操作结束之后，还应将其关闭，操作顺序不能打乱。

结果汇报

解释文件路径、绝对路径和相对路径的含义。

思考练习

1. 简述读取和写入文本文件的基本步骤。
2. Python 可以读取哪些文件？

任务 2 使用文件操作函数完成文本的读写

任务目标

1. 掌握常用文件操作函数的使用。
2. 能运用文件操作函数进行读写等操作。

相关知识

一、open 函数

在 Python 中，经常需要创建或打开指定的文件，并创建文件对象，这些操作可以通过内置的 open 函数实现。该函数的常用语法格式如下。

```
file=open(file_name[,mode='r'[,buffering=-1[,encoding=None]]])
```

在此格式中，用“[ ]”括起来的部分为可选参数，既可以使用，又可以省略。其中，各个参数的含义如下。

- file：要创建的文件对象。
- file_name：要创建或打开文件的名称，若为字符串类型，需要用引号（单引号或双引号都可以）括起来。注意：如果要打开的文件和当前执行的代码文件位于同一目录，则直接写文件名即可；否则，此参数需要指定打开文件所在的完整路径。
- mode：可选参数，用于指定文件打开模式。文件打开模式见表 9–2–1。如果不写，则默认以只读（r）模式打开文件。
- buffering：可选参数，用于指定对文件做读写操作时，是否使用缓冲区。
- encoding：手动设定打开文件时所使用的编码格式，不同平台的 encoding 参数值不同，以 Windows 系统为例，其默认为 CP936（GBK）编码。

表 9-2-1 文件打开模式

<table>
<tr><th>模式</th><th>意 义</th><th>注意事项</th></tr>
<tr><td>r</td><td>以只读模式打开文件，读文件内容的指针会放在文件的开始位置</td><td rowspan="4">操作的文件必须存在</td></tr>
<tr><td>rb</td><td>以二进制格式、只读模式打开文件，读文件内容的指针位于文件的开始位置，一般用于非文本文件，如图片文件、音频文件等</td></tr>
<tr><td>r+</td><td>打开文件后，既可以从开始位置读取文件内容，又可以从开始位置向文件中写入新的内容，写入的新内容会覆盖文件中等长度的原有内容</td></tr>
<tr><td>rb+</td><td>以二进制格式、读写模式打开文件，读写文件的指针位于文件的开始位置，通常针对非文本文件（如音频文件）</td></tr>
<tr><td>w</td><td>以只写模式打开文件。如果文件存在，打开时会清空文件中原有的内容</td><td rowspan="10">若文件存在，则清空其原有内容（覆盖文件）；反之，则创建新文件</td></tr>
<tr><td>wb</td><td>以二进制格式、只写模式打开文件，一般用于非文本文件（如音频文件）</td></tr>
<tr><td>w+</td><td>打开文件后，会对原有内容进行清空，并对该文件有读写权限</td></tr>
<tr><td>wb+</td><td>以二进制格式、读写模式打开文件，一般用于非文本文件</td></tr>
<tr><td>a</td><td>以追加模式打开一个文件，对文件只有写入权限。如果文件已经存在，则文件指针将放在文件的末尾（即新写入的内容位于已有内容之后）；反之，则创建新文件</td></tr>
<tr><td>ab</td><td>以二进制格式打开文件，并采用追加模式，对文件只有写入权限。如果文件已经存在，则文件指针将放在文件的末尾；反之，则创建新文件</td></tr>
<tr><td>a+</td><td>以读写模式打开文件进行追加和读取。如果文件已经存在，则默认文件指针放在文件的末尾；反之，则创建新文件</td></tr>
<tr><td>ab+</td><td>以二进制模式打开文件，并采用追加模式，对文件具有读写权限。如果文件已经存在，则文件指针将放在文件的末尾；反之，则创建新文件</td></tr>
</table>

二、read 函数

read 函数用于逐个字节或字符读取文件中的内容。

对于借助 open 函数，并以可读模式（包括 r、r+、rb、rb+）打开的文件，可以调用 read 函数逐个字节（或逐个字符）读取文件中的内容。

如果文件是以文本模式（非二进制模式）打开的，则 read 函数会逐个字符进行读取；反之，read 函数会逐个字节进行读取。

read 函数的基本语法格式如下。

```
file.read([size])
```

其中，file 表示打开的文件对象；size 作为一个可选参数，用于指定一次最多可读取的字符（字节）个数，如果省略，则默认一次性读取所有内容。

三、readline 函数

readline 函数用于读取文件中的一行，包含最后的换行符“\n”。readline 函数的基本语法格式如下。

```
file.readline([size])
```

其中，file 表示打开的文件对象；size 表示可选参数，用于指定读取每一行时，一次最多读取的字符（字节）数。

和 read 函数一样，readline 函数成功读取文件数据的前提是，使用 open 函数指定打开文件的模式必须为可读模式（包括 r、rb、r+、rb+ 4 种）。

四、readlines 函数

readlines 函数用于读取文件中的所有行，它和调用不指定 size 参数的 read 函数类似，只不过该函数返回的是一个字符串列表，其中每个元素为文件中的一行内容。

和 readline 函数一样，readlines 函数在读取每一行时，会连同行尾的换行符一起读取。

readlines 函数的基本语法格式如下。

```
file.readlines()
```

其中，file 表示打开的文件对象。与 read、readline 函数一样，readlines 函数要求打开文件的模式必须为可读模式。

五、write 函数

前面已经学习了如何使用 read、readline 和 readlines 这 3 个函数读取文件，如果需要把一些数据保存到文件中，该如何实现呢？

Python 中的文件对象提供了 write 函数，可以向文件中写入指定的内容。write 函数的语法格式如下。

```
file.write(string)
```

其中，file 表示打开的文件对象；string 表示要写入文件的字符串（或字节串，仅适合写入二进制文件）。

注意：在使用 write 函数向文件写入数据时，需保证使用 open 函数指定打开文件的模式必须为 r+、w、w+、a 或 a+，否则执行 write 函数会报 io.UnsupportedOperation 错误。

六、writelines 函数

Python 的文件对象中不仅提供了 write 函数，还提供了 writelines 函数，可以实现将字符串列表写入文件。

注意：写入函数只有 write 和 writelines 函数，而没有名为 writeline 的函数。

writelines 函数的语法格式如下。

```
file.writelines(list)
```

其中，list 表示字符串列表（如 [" 小蓝 "," 小红 "]）。

七、close 函数

对于使用 open 函数打开的文件，在完成相应的操作之后，需要用 close 函数将其手动关闭，否则程序的运行可能出现问题。

close 函数是专门用来关闭已打开文件的，其语法格式如下。

```
file.close()
```

其中，file 表示打开的文件对象。

代码示例如下。

```
import os
f=open("my_file.txt",'w')
#...
os.remove("my_file.txt")
```

这里引入了 os 模块，调用了该模块中的 remove 函数，该函数的功能是删除指定的文件。但是，如果运行此程序，Python 解释器会报如下错误。

```
Traceback(most recent call last):
  File "C:\Users\mengma\Desktop\demo.py",line 4,in <module>
```

```
    os.remove("my_file.txt")
PermissionError:[WinError 32] 另一个程序正在使用此文件，进程无法访问。:'my_file.txt'
```

显然，由于使用 open 函数打开了“my_file.txt”文件，但没有及时关闭，直接导致后续的 remove 函数运行出现错误。因此，应养成手动关闭文件的习惯，避免在程序开发中带来不必要的错误。

任务实施

本任务要求新建一个 Python 文件，命名为“9-2.py”，通过编程示例加深对 Python 文件操作函数的理解。

本任务编程思路：首先创建一个 txt 文件，并以指定方式打开文件，然后使用文件操作函数对文件进行处理，处理结束后关闭文件。

程序流程如图 9-2-1 所示。

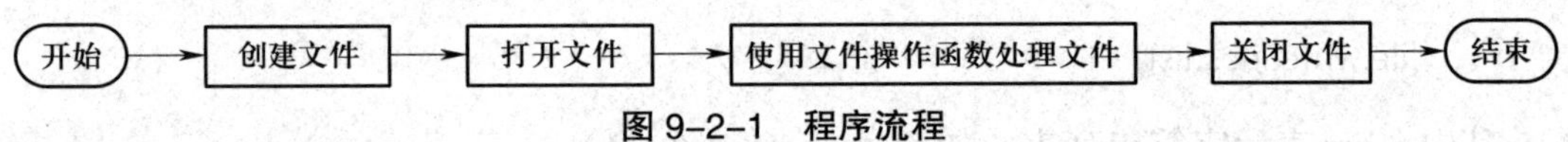

图 9-2-1　程序流程

步骤 1　创建 txt 文件

通过文件管理器创建一个 txt 文件，例如，在“D:\Python\High-quality”下新建了一个 txt 文件，命名为“a”，并在 txt 文件中存入三行文本数据，如图 9-2-2 所示。

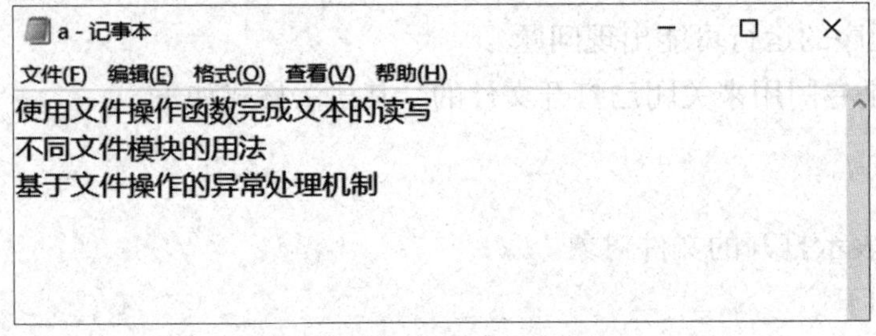

图 9-2-2　“a.txt”文件内容

步骤 2　打开文件

使用 open 函数打开步骤 1 新建的 txt 文件。

```
f=open("D:\Python\High-quality\\a.txt",'r+',encoding='UTF-8')
```

步骤 3　使用 read 函数读取“a.txt”文件的前六个字符

```
print(" 使用 read() 函数读取结果为 :",f.read(6))
```

步骤 4　使用 readline 函数读取“a.txt”文件的第一行

```
print(" 使用 readline() 函数读取结果为 :",f.readline(20))
```

步骤 5　使用 readlines 函数读取“a.txt”文件的所有内容

```
print(" 使用 readlines( ) 函数读取结果为 :",f.readlines( ))
```

步骤 6　关闭文件，以追加写入方式重新打开文件，使用 write 函数将字符串“hello”写入“a.txt”文件

```
f.close( )
f=open("D:\Python\High-quality\\a.txt",'a',encoding='UTF-8')
f.write("hello\n")
```

步骤 7　使用 writelines 函数将字符串列表 [" 小蓝 "," 小红 "] 写入“a.txt”文件

```
f.writelines([" 小蓝 "," 小红 "])
```

步骤 8　使用 close 函数关闭文件

```
f.close( )
```

步骤 9　运行程序代码，观察运行结果

程序运行结果如下。

```
使用 read( ) 函数读取结果为 : 使用文件操作
使用 readline( ) 函数读取结果为 : 函数完成文本的读写
使用 readlines( ) 函数读取结果为 :[' 不同文件模块的用法 \n',' 基于文件操作的异常处理机
制 \n']
```

图 9–2–3 所示为“a.txt”文件被处理后的内容界面。

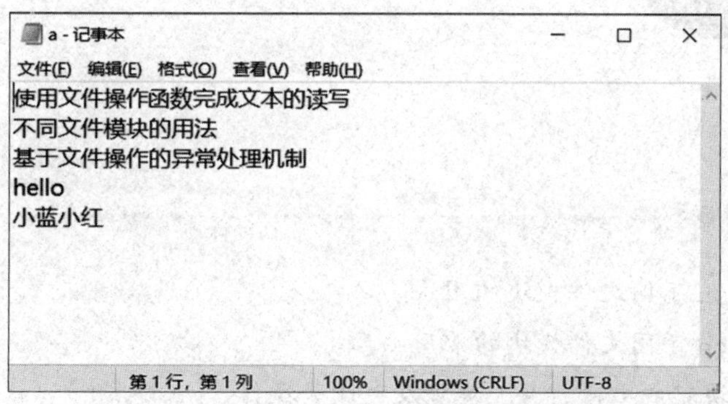

图 9–2–3　“a.txt”文件被处理后的内容界面

从运行结果可以看出，使用三种读取文件内容的方式的输出结果皆有不同，使用 readline 函数仅读取了第一行部分内容而不是全部内容，这是因为在经过 read 函数读取之后，文件指针指向了第七个字符，故使用 readline 函数无法读取一整行字符。后面 readlines 函数读取的内容不是整个 txt 文件的内容的原因同理。

结果汇报

总结 open、read、write 函数的作用，并回答为什么在完成文件操作后需调用 close 函数，如果不调用会有什么影响。

思考练习

1. 以 r、r+ 等方式打开文件并在文件中写入内容，结果会怎样？
2. Python 如何实现内存文本文件和内存二进制文件的读取操作？

任务 3 Python 不同文件模块的使用

任务目标

1. 掌握 Python 不同文件模块的用法。
2. 熟悉 Python 不同文件模块的常用函数。
3. 能使用模块完成文件打开、处理及关闭等操作。

相关知识

为了提高开发时文件处理的效率，Python 除了提供了许多内置函数进行文件操作，还提供了许多用于文件操作的模块。能够用于文件操作的模块繁多，本任务主要介绍比较常见的 pickle、fileinput、linecache 和 os.path 模块。

一、pickle 模块

pickle 模块用于实现 Python 对象的持久化存储。Python 中有一个序列化过程叫作 pickle，它能实现任意对象与文本之间的相互转换，也能实现任意对象与二进制对象之间的相互转换。也就是说，pickle 模块可以实现 Python 对象的存储及恢复。

pickle 模块是 Python 的一个标准模块，安装 Python 的同时就已经安装了 pickle 库，因此它不需要再单独安装，使用 import 将其导入程序，就可以直接使用。

pickle 模块提供了以下 4 个函数可供使用。

1. dumps 函数

dumps 函数用于将 Python 中的对象序列化成二进制对象并返回，其语法格式如下。

```
dumps(obj,protocol=None,*,fix_imports=True)
```

各参数的含义如下。

- obj：要转换的 Python 对象。
- protocol：pickle 的转码协议，取值为 0、1、2、3、4，其中 0、1、2 对应 Python 早期的版本，3 和 4 对应 Python 3.x 版本及之后的版本。在未指定的情况下，其值默认为 3。

语法格式中的其他参数是为了兼容 Python 2.x 版本而保留的参数，Python 3.x 中可以忽略，下同。

2. loads 函数

loads 函数用于读取给定的二进制对象数据，并将其转换为 Python 对象，其语法格式如下。

```
loads(data,*,fix_imports=True,encoding='ASCII',errors='strict')
```

其中，data 表示要转换的二进制对象。

3. dump 函数

dump 函数用于将 Python 中的对象序列化成二进制对象，并写入文件，其语法格式如下。

```
dump(obj, file, protocol=None, *, fix_imports=True)
```

各参数的含义如下。

- obj：要序列化的 Python 对象。
- file：转换到指定的二进制文件中，要求该文件必须是以“wb”打开模式进行操作。

- protocol：和 dumps 函数中 protocol 参数的含义完全相同，即序列化时使用的协议版本。如果未指定，则使用默认协议版本。

4. load 函数

load 函数用于读取指定的序列化数据文件，并返回对象，其语法格式如下。

```
load(file,*,fix_imports=True,encoding='ASCII',errors='strict')
```

其中，file 表示要转换的二进制对象文件（必须以“rb”打开模式操作文件）。

以上这 4 个函数可以分成两类，其中 dumps 函数和 loads 函数实现基于内存的 Python 对象与二进制对象互转；dump 函数和 load 函数实现基于文件的 Python 对象与二进制对象互转。

二、fileinput 模块

fileinput 模块用于逐行读取多个文件的数据。前面学习了使用 open 函数和 read 函数或 readline 函数、readlines 函数组合来读取单个文件的数据，但在某些场景中，可能需要读取多个文件的数据，在这种情况下再使用这些组合，显然就不合适了。

对此，Python 提供了 fileinput 模块，通过该模块中的 input 函数，能同时打开指定的多个文件，还能逐个读取这些文件中的内容。

fileinput 模块中 input 函数的语法格式如下。

```
fileinput.input（files="filename1,filename2,…",inplace=False,backup='',bufsize=0,mode=
'r',openhook=None）
```

此函数会返回一个 fileinput 对象，它可以理解为将多个指定文件合并之后的文件对象。

各参数的含义如下。

- files：多个文件的路径列表。
- inplace：指定是否将标准输出的结果写回文件，此参数默认值为 False。
- backup：指定备份文件的扩展名。
- bufsize：指定缓冲区的大小，默认为 0。
- mode：打开文件的模式，默认为 r（只读模式）。
- openhook：控制文件的打开方式，如编码格式等。

注意：和 open 函数不同，input 函数不能指定打开文件的编码格式，这意味着使用该函数读取的所有文件，除非以二进制方式进行读取，否则该文件的编码格式必须和当前操作系统默认的编码格式相同，不然 Python 解释器可能提示 UnicodeDecodeError 错误。

和 open 函数返回单个的文件对象不同，fileinput 对象无须调用类似 read、readline、

readlines 这样的函数，直接通过 for 循环即可按次序读取多个文件中的数据。

fileinput 模块中提供了很多函数（见表 9–3–1），通过调用这些函数，可以更快地实现想要的功能。

表 9–3–1 fileinput 模块中提供的函数

函数名	功 能
fileinput.filename	返回当前正在读取的文件名称
fileinput.fileno	返回当前正在读取文件的文件描述符
fileinput.lineno	返回当前读取了多少行
fileinput.filelineno	返回当前正在读取的内容位于当前文件中的行号
fileinput.isfirstline	判断当前读取的内容在当前文件中是否位于第 1 行
fileinput.nextfile	关闭当前正在读取的文件，并开始读取下一个文件
fileinput.close	关闭 fileinput 对象

三、linecache 模块

除了可以借助 fileinput 模块实现读取文件，Python 还提供了 linecache 模块。linecache 模块用于随机读取文件指定行。

linecache 模块常用来读取 Python 源文件中的代码，它使用 UTF-8 编码格式读取文件内容。因此，使用该模块读取的文件，其编码格式也必须为 UTF-8，否则要么读取出来的数据是乱码，要么直接读取失败（Python 解释器会报 SyntaxError 异常）。

linecache 模块中常用的函数见表 9–3–2。

表 9–3–2 linecache 模块中常用的函数

函数基本格式	功 能
linecache.getline(filename,lineno,module_globals=None)	读取指定模块中指定文件的指定行（仅读取指定文件时，无须指定模块）。其中，filename 用来指定文件名，lineno 用来指定行号，module_globals 用来指定要读取的具体模块名。注意：当指定文件以相对路径的方式传给 filename 参数时，该函数按照 sys.path 规定的路径查找该文件
linecache.clearcache( )	如果程序某处不再需要之前使用 getline 函数读取的数据，可以使用该函数清空缓存
linecache.checkcache(filename=None)	检查缓存的有效性，即如果使用 getline 函数读取的数据在本地已经被修改，需要的是新的数据，此时就可以使用该函数检查缓存的是否为新的数据。注意：如果省略文件名，该函数将检查所有缓存数据的有效性

四、os.path 模块

os.path 模块不仅提供了一些操作路径字符串的方法，还提供了一些指定文件属性的方法，os.path 模块常用的函数见表 9–3–3。

表 9–3–3　os.path 模块常用的函数

方法	说　明
os.path.abspath(path)	返回 path 的绝对路径
os.path.basename(path)	获取 path 路径的基本名称，即 path 末尾到最后一个斜杠的位置之间的字符串
os.path.commonprefix(list)	返回 list（多个路径）中所有 path 共有的最长的路径
os.path.dirname(path)	返回 path 路径中的目录部分
os.path.exists(path)	判断 path 对应的文件是否存在，如果存在，返回 True；反之，返回 False。和 lexists 函数的区别在于，exists 函数会自动判断失效的文件链接（类似 Windows 系统中文件的快捷方式），而 lexists 函数却不会
os.path.lexists(path)	判断路径是否存在，如果存在，返回 True；反之，返回 False
os.path.expanduser(path)	把 path 中包含的“～”和“～user”转换成用户目录
os.path.expandvars(path)	根据环境变量的值替换 path 中包含的“$name”和“${name}”
os.path.getatime(path)	返回 path 所指文件的最近访问时间（浮点型秒数）
os.path.getmtime(path)	返回文件的最近修改时间（单位为 s）
os.path.getctime(path)	返回文件的创建时间（又称 Unix 时间，单位为 s）。
os.path.getsize(path)	返回文件大小，如果文件不存在就返回错误
os.path.isabs(path)	判断路径是否为绝对路径
os.path.isfile(path)	判断路径是否为文件
os.path.isdir(path)	判断路径是否为目录
os.path.islink(path)	判断路径是否为链接文件（类似 Windows 系统中的快捷方式）
os.path.ismount(path)	判断路径是否为挂载点
os.path.join(path1[,path2[,…]])	把目录和文件名合成一个路径
os.path.normcase(path)	转换 path 的大小写和斜杠
os.path.normpath(path)	规范 path 字符串形式
os.path.realpath(path)	返回 path 的真实路径
os.path.relpath(path[,start])	从 start 开始计算相对路径
os.path.samefile(path1,path2)	判断目录或文件是否相同
os.path.sameopenfile(fp1,fp2)	判断 fp1 和 fp2 是否指向同一个文件

续表

方法	说明
os.path.samestat(stat1,stat2)	判断 stat1 和 stat2 是否指向同一个文件
os.path.split(path)	把路径分割成 dirname 和 basename，返回一个元组
os.path.splitdrive(path)	一般用在 Windows 系统中，返回驱动器名和路径组成的元组
os.path.splitext(path)	分割路径，返回路径名和文件扩展名组成的元组
os.path.splitunc(path)	把路径分割为加载点与文件
os.path.walk(path,visit,arg)	遍历 path，进入每个目录都调用 visit 函数，visit 函数必须有 3 个参数 (arg,dirname,names)，arg 为 walk 的第三个参数，dirname 表示当前目录的目录名，names 表示当前目录下的所有文件名
os.path.supports_unicode_filenames	设置是否可以将任意 unicode 字符串用作文件名

任务实施

本任务要求通过使用模块完成文件操作，以加深对文件操作模块的认识。

本任务编程思路：导入文件操作所需模块，打开文件，调用模块中的函数，对文件进行操作处理，操作结束之后关闭文件。

程序流程如图 9-3-1 所示。

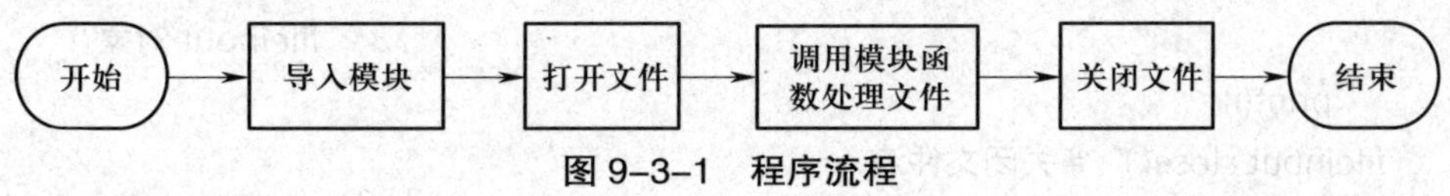

图 9-3-1 程序流程

步骤 1 新建一个 Python 文件，命名为“9-3-1.py”，导入 pickle 模块，创建一个元组

```
import pickle
tup1=('I love Python',{1,2,3},None)
```

步骤 2 使用 pickle 模块中的 dump 函数将 Python 对象转换成二进制对象

```
with open ("a.txt",'wb') as f:          # 打开文件
pickle.dump(tup1,f)                     # 用 dump 函数将 Python 对象转换成二进制对象
```

运行完此程序后，会在该程序文件同级目录中生成“a.txt”文件，但由于其内容为二进制数据，因此直接打开会看到乱码。

步骤 3 新建一个 Python 文件，命名为“9-3-2.py”，将“9-3-1.py”转换的“a.txt”二进制对象转换成 Python 对象

```
import pickle
```

```
tup1=('I love Python',{1,2,3},None)
with open("a.txt",'rb') as f:              # 打开文件
    t3=pickle.load(f)                      # 将二进制对象转换成 Python 对象
    print(t3)
```

程序运行结果如下。

```
('I love Python',{1,2,3},None)
```

步骤 4　通过 Windows 文件夹资源管理器在当前工作目录下新建两个 txt 文件，分别为“file.txt”和“my_file.txt”，它们位于同一目录，且各自包含的内容如下

```
#file.txt
好好学习，天天向上
study well and make progress every day

#my_file.txt
Python 官网
https://www.python.org
```

步骤 5　新建一个 Python 文件，命名为“9-3-3.py”，以二进制方式读取“my_file.txt”和“file.txt”两个文件的内容

```
import fileinput
for i in fileinput.input(files=('my_file.txt','file.txt'),mode='rb'):   # 使用 for 循环遍历
                                                                         fileinput 对象
    print(i)
fileinput.close()   # 关闭文件流
```

程序运行结果如下。

```
b'Python\xe5\xae\x98\xe7\xbd\x91\r\n'
b'https://www.python.org\r\n'
b'\xe5\xa5\xbd\xe5\xa5\xbd\xe5\xad\xa6\xe4\xb9\xa0\xef\xbc\x8c\xe5\xa4\xa9\xe5\
xa4\xa9\xe5\x90\x91\xe4\xb8\x8a\r\n'
b'study well and make progress every day\r\n'
```

步骤 6　新建一个 Python 文件，命名为“9-3-4.py”，使用 linecache 模块读取 string 模块中第 3 行的数据和步骤 4 建立的“my_file.txt”文件的第 2 行

```
import linecache
import string
print(linecache.getline(string.__file__,3))   # 读取 string 模块中第 3 行的数据
print(linecache.getline('my_file.txt',2))   # 读取“my_file.txt”文件的第 2 行
```

程序运行结果如下。

```
Public module variables:
https://www.python.org
```

步骤 7 新建一个 Python 文件，命名为“9-3-5.py”，使用 os.path 模块中的部分函数实现特定的功能

```
from os import path
print(path.abspath("my_file.txt"))  # 获取绝对路径
print(path.commonprefix(['D:\\Python\\High-quality\\my_file.txt','D:\\Python\\High-quality\\file.txt']))  # 获取共同前缀
print(path.dirname('D:\\Python\\High-quality\\my_file.txt'))  # 获取目录
print(path.exists('my_file.txt'))  # 判断指定目录下的文件是否存在
```

程序运行结果如下。

```
D:\Python\High-quality\my_file.txt
D:\Python\High-quality\
D:\Python\High-quality
True
```

结果汇报

总结模块的功能和用法，记录心得体会。

思考练习

1. 除了前面介绍的文件模块，还有哪些模块可以用于文件操作？
2. 如何使用 os.path 模块提供的函数读取和写入文件？

任务 4 基于文件操作的异常处理

任务目标

1. 了解异常的概念。
2. 熟悉异常的处理方法和异常的传递。
3. 掌握 try...finally 语句的使用方法。
4. 能正确进行基于文件操作的异常处理。

相关知识

一、异常的概念

异常就是一个事件，在程序执行过程中遇到特殊情况时发生，帮助定位错误，了解程序实际运行状况。一般情况下，在 Python 无法按正常流程处理时就会发生一个异常。异常是 Python 对象，表示一个错误。当 Python 脚本发生异常时可以选择捕获并处理，若异常超出可处理的范围且没有被捕获，程序将会终止，防止造成更大的损失。示例如下。

```
a=[1,2,3,4,5,6]
print(a[9])
```

运行程序，程序报错并终止执行。

```
Traceback(most recent call last):
  File "D:/Python/High-quality/test01.py",line 2,in <module>
    print(a[9])
IndexError:list index out of range
```

二、异常处理

1. 使用 except 不带任何异常类型

捕捉异常可以使用 try...except 语句。try...except 语句用来检测 try 语句块中的错误，从而让 except 语句捕获异常信息并处理。如果发生的异常是可以处理的，只需在 try 语句中捕获它。其语法格式如下。

```
try:
    执行的代码
except:
    执行的语句，如果在 try 部分引发了 'name' 异常
else:
    如果没有任何异常执行的语句
```

2. 使用 except 带单一异常类型

其语法格式如下。

```
try:
    执行的代码
except 名称 :
    执行的语句，如果在 try 部分引发了 'name' 异常
else:
    如果没有任何异常执行的语句
```

3. 使用 except 带多种异常类型

其语法格式如下。

```
try:
    执行的代码
except( 异常 1, 异常 2…):
    执行的语句，如果在 try 部分引发了 'name' 异常
else:
    如果没有任何异常执行的语句
```

三、try...finally 语句

try...finally 语句是 Python 中用于异常处理的一种结构，它可以在处理异常的同时，确保在任何情况下都会执行一些特定的代码块。这对于需要在异常发生时进行资

源清理或者确保某些操作一定会被执行的情况非常有用。try...finally 语句的语法格式如下。

```
try:
    # 可能引发异常的代码块
finally:
    # 无论是否引发异常，总会执行的代码块
```

四、异常的传递

当执行 try 中的程序出现异常时，将捕获异常并输出异常信息以提示用户；当调用的模块或函数内部出现异常时，将把异常传递到最高级的程序中并输出提示信息，举例如下。

```
def value1( ):                              # 创建函数 value1
    print("--1--1--")                       # 输出 --1--1-- 字符
    print(num)                              # 输出 num 变量中的内容
def value2( ):                              # 创建函数 value2
    try:                                    # 执行下方程序
        print("--2--2--")                   # 输出 --2--2-- 字符
        value1( )                           # 调用执行 value1 函数
    except Exception as result:             # 捕获异常并将异常信息给到 result 变量中
        print(result)                       # 输出异常信息提示用户
        print("--3--3--")                   # 输出 --3--3-- 字符
value2( )                                   # 调用执行 value2 函数
```

程序运行结果如下。

```
--2--2--
--1--1--
name 'num' is not defined
--3--3--
```

任务实施

本任务要求新建一个 Python 文件“9–4–1.py”，通过编程实现程序异常处理，加深对异常处理机制的理解。

步骤 1　使用 except 不带任何异常类型形式处理异常

```
try:
    a=[1,2,3,4,5,6]
```

```
    print(a[0])
except:
    print(" 存在异常，正在处理。")
else:
    print(" 无异常继续执行！ ")
```

程序运行结果如下。

```
1
无异常继续执行！
```

步骤 2　使用 except 带单一异常类型形式处理异常

```
try:
    # 步骤一
    #a=[1,2,3,4,5,6]
    #print(a[0])
    # 步骤二
    a=[1,2,3,4,5,6]
    print(a[9])
except IndexError as result:
    print(" 存在异常，正在处理。",result)
else:
    print(" 无异常继续执行！ ")
```

程序运行结果如下。

```
存在异常，正在处理。 list index out of range
```

步骤 3　使用 except 带多种异常类型形式处理异常

```
try:
    # 无异常
    #a=[1,2,3,4,5,6]
    #print(a[0])
    # 有异常
    #a=[1,2,3,4,5,6]
    #print(a[9])
    string="Hello World!"
    string.index("a")
except(ValueError,NameError,FileNotFoundError) as result:
    print(" 存在异常，正在处理。",result)
else:
    print(" 无异常继续执行！ ")
```

程序运行结果如下。

```
存在异常，正在处理。substring not found
```

步骤 4　使用 try...finally 语句处理异常

```
try:
    value=open("my.txt","r")
    value.read()
    value.close()
finally:
    print("Error: 没有找到文件或读取文件失败 ")
```

程序运行结果如下。

```
Error: 没有找到文件或读取文件失败
Traceback(most recent call last):
  File "D:/Python/High-quality/program9.py",line 2,in <module>
    value=open("my.txt","r")
FileNotFoundError:[Errno 2] No such file or directory:'my.txt'
```

结果汇报

基于本任务的内容，试说明什么是 try 块和 except 块，它们在处理异常时的作用分别是什么。

思考练习

1. 异常处理在项目开发中的作用是什么？
2. Python 程序异常处理通常可以分为哪三种类型？分别举例说明。
3. 简述 try...finally 语句在异常处理中的作用。

项目十 综合性任务实践

在前面的项目中已经学习了 Python 的基本概念、数据类型、控制结构、函数、面向对象编程以及异常处理等内容，这些知识点都是构建强大、灵活和实用程序的基石。

在本项目中，将以两个综合性的实践任务为媒介，运用前面项目中学到的编程技能，从头到尾构建完整的解决方案，创造性地应用在实际场景中。通过这个过程，巩固已学的知识，了解代码结构规划、合理分工、程序调试以及文档编写等各个环节的重要性。

项目任务

- ✧ 任务 1　图书馆导航服务机器人程序设计
- ✧ 任务 2　就诊预约服务机器人程序设计

建议学时

2 学时

图书馆导航服务机器人程序设计

任务目标

1. 掌握 Python 类的使用方法。
2. 能完成图书馆导航服务机器人程序的编写。

任务实践

本任务要求设计一个图书馆导航服务机器人程序，具体要求如下。

1. 通过设计一个交互式的菜单，提供以下选项。

（1）问候：机器人向用户发送问候信息。

（2）计算：接收用户输入的两个数字和运算符，返回计算结果。

（3）查询字典：提供一个预先设定的字典，用户输入一个词，返回该词的释义。

（4）创建备忘录：允许用户输入备忘录内容，保存到文件中。

（5）查看备忘录：显示之前保存的备忘录内容。

（6）退出使用。

2. 在菜单中，用户可以根据序号选择相应的功能。需要编写函数来实现每个功能。

具体功能包括图书馆楼层导航、书籍查询（如语文书在三层，剩余 10 本；数学书在二层，剩余 5 本；英语书在一层，剩余 2 本）。

3. 用户在选择完一个功能后，可以选择继续使用其他功能或退出。

4. 需要合理使用变量、字符串、运算符、序列（如列表、字典）、流程控制、函数等知识点来完成任务。

以下为参考程序，读者可先自行构思程序结构并进行程序的编写，再与该程序进行对比。以下参考程序并非唯一，建议读者能更加深入地思考各种情况和程序的判断机制，提高系统的鲁棒性。

```
from time import sleep   # 引用 time 模块中的 sleep 方法
class LibraryRobot:
    def__init__(self):
```

```
        self.memo=[ ]  # 初始化备忘录

    def greet(self):
        print(" 欢迎使用图书馆服务机器人！")

    # 定义计算功能的方法
    def calculate(self):
        try:
            num1=float(input(" 请输入第一个数字 :"))
            operator=input(" 请输入运算符 (+,-,*,/):")
            num2=float(input(" 请输入第二个数字 :"))
            if operator=="+":
                result=num1+num2
            elif operator=="-":
                result=num1-num2
            elif operator=="*":
                result=num1*num2
            elif operator=="/":
                result=num1/num2
            else:
                result=" 无效的运算符 "
            print(" 计算结果 :",result)
        except ValueError:
            print(" 错误，输入了无效的数字 ")

    # 定义导航功能的方法
    def query_dictionary(self):
        dictionary={
            " 语文书 ":" 语文书在三层，剩余 10 本 ",
            " 数学书 ":" 数学书在二层，剩余 5 本 ",
            " 英语书 ":" 英语书在一层，剩余 2 本 "
        }
        word=input(" 请输入要查询的图书（语文书 / 数学书 / 英语书)")
        if word in dictionary:
            print(" 释义 :",dictionary[word])
        else:
            print(" 该词未找到释义 ")

    # 定义创建备忘录功能的方法
    def create_memo(self):
        memo_content=input(" 请输入备忘录内容 :")
```

```
        self.memo.append(memo_content)
        print(" 备忘录已添加 ")

    # 定义查看备忘录功能的方法
    def view_memo(self):
        print(" 备忘录内容 :")
        for idx,content in enumerate(self.memo,start=1):
            print(f"{idx}.{content}")

    # 类执行的主方法
    def run(self):
        self.greet()
        while True:
            print(" 请选择功能 :")
            print("a. 问候 ")
            print("b. 计算 ")
            print("c. 查询字典 ")
            print("d. 创建备忘录 ")
            print("e. 查看备忘录 ")
            print("q. 退出 ")
            choice=input(" 请输入选项 :")
            if choice=="a":
                self.greet()
            elif choice=="b":
                self.calculate()
            elif choice=="c":
                self.query_dictionary()
            elif choice=="d":
                self.create_memo()
            elif choice=="e":
                self.view_memo()
            elif choice=="q":
                print(" 谢谢使用！ ")
                break
            else:
                print(" 无效选项，请重新选择。")
            sleep(0.01)    # 适当延时，避免占用过多 CPU 资源

if__name__=="__main__":
    robot=LibraryRobot()
    robot.run()
```

任务 2 就诊预约服务机器人程序设计

任务目标

1. 掌握文件相关函数的使用方法。
2. 掌握列表的综合使用方法。
3. 能完成就诊预约服务机器人程序的编写。

任务实践

本任务要求设计一个医院就诊预约服务机器人程序，具体要求如下。

1. 欢迎界面：能显示系统欢迎界面，如“欢迎使用智能就诊预约服务机器人！”，并显示当前日期和时间。

2. 医生查询与预约：能显示医院的医生列表和各医生的就诊时间。患者可以选择医生和预约时间，并确认预约。

3. 查看预约：能显示当前已预约的情况。

4. 取消预约：患者可以取消之前预约的就诊，机器人会确认并更新预约情况。

5. 就诊信息保存：患者可以保存当前已预约的情况至本地文件，文件名和格式为“appointment.txt”。

6. 异常情况处理：当医生临时有变动或其他紧急情况时，机器人能及时通知患者并提供替代安排。

以下为参考程序，读者可先自行构思程序结构并进行程序的编写，再与该程序进行对比。以下参考程序并非唯一，建议读者能更加深入地思考各种情况和程序的判断机制，提高系统的鲁棒性。

```
import datetime
from time import sleep

# 定义医生类
class Doctor:
    def__init__(self,name,specialty,schedule):
```

```
        self.name=name
        self.specialty=specialty
        self.schedule=schedule

# 定义预约类
class Appointment:
    def__init__(self,doctor,date,patient):
        self.doctor=doctor
        self.date=date
        self.patient=patient

# 定义病人类
class Patient:
    def__init__(self,name):
        self.name=name
        self.appointments=[ ]

doctors=[
    Doctor(" 郭医生 "," 外科 ",[" 周一早上 9 时 "," 周三下午 2 时 "]),
    Doctor(" 邓医生 "," 儿科 ",[" 周一早上 10 时 "," 周三下午 3 时 "]),
    Doctor(" 钱医生 "," 内科 ",[" 周二早上 9 时 "," 周四下午 2 时 "]),
    Doctor(" 唐医生 "," 牙科 ",[" 周二早上 10 时 "," 周四下午 3 时 "])
]

patients=[ ]

# 欢迎界面
def display_menu( ):
    # 获取当前时间
    current_time=datetime.datetime.now( )
    # 将当前时间进行格式化
    formatted_time=current_time.strftime("%Y-%m-%d %H:%M:%S")
    # 欢迎页
    print("==============================")
    print(" 欢迎使用智能就诊预约服务机器人 !")
    print(" 当前日期和时间 :",formatted_time)
    print("==============================")
    print(" 请选择功能 :")
    print("1. 医生查询与预约 ")
    print("2. 查看预约 ")
    print("3. 取消预约 ")
    print("4. 保存存根 ")
```

```
        print("5. 退出 ")

    # 选择医生
    def doctor_query_and_appointment():
        print(" 可预约的医生 :")
        try:
            # 显示当前可预约的医生和档期
            for i,doctor in enumerate(doctors,start=1):
                print(f"{i}.{doctor.name}({doctor.specialty})")
            # 获取用户的输入，按序列号进行医生的选择
            doctor_choice=int(input(" 选择一名医生 (1-{ }):".format(len(doctors))))
            selected_doctor=doctors[doctor_choice-1]
            # 在终端依次输出医生的时间表
            print(" 医生时间表 :")
            for i,slot in enumerate(selected_doctor.schedule,start=1):
                print(f"{i}.{slot}")
            # 获取用户的输入，按序列号进行医生档期的选择
            slot_choice=int(input(" 选择一个时隙 (1-{ }):".format(len(selected_doctor.schedule))))
            selected_slot=selected_doctor.schedule[slot_choice-1]
            # 获取用户的输入，保存用户姓名信息
            patient_name=input(" 输入您的姓名 :")
            new_appointment=Appointment(selected_doctor,selected_slot,patient_name)
            # 在 patients 列表内添加新元素
            patients.append(new_appointment)

            print("** 已成功预约！ **")
            sleep(0.5)#sleep 的目的是让输出结果有适当延迟，以便于用户观看
        except ValueError:
            print(" 请输入正确的格式!")

    # 查看预约
    def view_appointments():
        print(" 您的预约是 ")
        for i,appointment in enumerate(patients,start=1):
            print(f"{i}.{appointment.date} 患者姓名 :{appointment.patient} 医生 :
{appointment.doctor.name}")
        sleep(0.5)

    # 取消预约
    def cancel_appointment():
        view_appointments()
        try:
```

```
            # 获取用户的输入，按序列号进行预约的取消
            appointment_choice=int(input(" 选择一个需要取消的预约 (1-{}):".format(len(patients))))
            cancelled_appointment=patients.pop(appointment_choice-1)
            print(f" 预约 :{cancelled_appointment.date},{cancelled_appointment.patient},
{cancelled_appointment.doctor.name} 已被取消。")
            sleep(0.5)
        except ValueError:
            print(" 错误，请输入正确的序列！")

# 保存存根
def save_appointment():
    # 打开 appointment.txt 文件，若不存在将自动新建
    # 选项 w: 如果文件已存在，原有内容会被覆盖，只包含新写入的内容
    # 选项 a: 如果文件已存在，会基于原有的内容进行添加
    with open("appointment.txt","w") as f:
        for i,appointment in enumerate(patients,start=1):
            f.write(f"{i}. 患者姓名 :{appointment.patient}，预约时间 :{appointment.date}，
医生 :{appointment.doctor.name}\n")
    print(" 存根已保存！")
    sleep(0.5)

# 主函数
def main():
    while True:
        display_menu()
        choice=int(input(" 请选择需要进行的操作 :"))
        if choice==1:
            doctor_query_and_appointment()
        elif choice==2:
            view_appointments()
        elif choice==3:
            cancel_appointment()
        elif choice==4:
            save_appointment()
        elif choice==5:
            print(" 感谢您使用智能就诊预约服务机器人。再见！")
            break
        else:
            print(" 无效的选择。请选择一个有效的选项。")
        sleep(0.02)

if__name__=="__main__":
    main()
```